Lebenslagen – Lebensrisiken

Atlas zur Raum- und Stadtentwicklung

Autoren

Markus Eltges (Leitung), Volker Bode, Markus Burgdorf, Jürgen Göddecke-Stellmann, Gernot Hartmann, Helmut Janich, Hubert Job, Annika Koch, Gesine Krischausky, Petra Kuhlmann, Antonia Milbert, Rupert Kawka, Renate Müller-Kleißler, Thomas Pütz, Claus Schlömer, Alexander Schürt, Gabriele Sturm, Antje Walther, Thomas Wehmeier, Dorothee Winkler

Redaktion

Christian Schlag

Liebe Leserinnen und Leser,

im Jahr 2010 haben wir einen Atlas zur Raum- und Stadtentwicklung mit dem Titel „Deutschland anders sehen" veröffentlicht. Sein Anliegen war, eingefahrene räumliche Wahrnehmungsmuster in Frage zu stellen. In der Fachöffentlichkeit fand er große Anerkennung – ein Beleg dafür, dass viele Menschen offen sind für neue Sichtweisen auf vermeintlich längst Bekanntes.

In dem vorliegenden Atlas stehen die regionalen Unterschiede in den Lebensumständen und Entwicklungschancen der Menschen in Deutschland im Mittelpunkt. Unsere Aufmerksamkeit finden dabei vor allem die Orte und Regionen, die sich durch besonders gute oder schlechte Umstände auszeichnen. Dazu zählen auch Orte und Regionen, die natürlichen Risiken, wie z. B. Erdbeben, oder menschengemachten Risiken, wie z. B. der Kernenergie, ausgesetzt sind. Gerade die Erfahrungen aus Japan mit Natur- und Atomkatastrophen verdeutlichen, wie zwingend vorausschauende Planung ist. Dazu gehört z. B. sich schon bewusst zu machen, wie viele Menschen von solchen Risiken betroffen sein könnten. Aber nicht nur mögliche spektakuläre Ereignisse eröffnen einen Blick auf besondere Orte in Deutschland, sondern zeitlicher Wandel schafft diese selbst.

Welche Orte und Regionen sind mit besonders ungünstigen sozialen, demografischen oder wirtschaftlichen Trends konfrontiert? Welche gesellschaftlichen Folgen hat es zum Beispiel, wenn junge, gut qualifizierte Frauen abwandern und viele junge Männer keine Partnerin mehr finden? Was bedeutet es für die Versorgung der Patientinnen und Patienten, wenn sich immer weniger Ärzte in ländlichen Regionen niederlassen? Wie kann die Wirtschaft Fachkräfte gewinnen, wenn der Nachwuchs fehlt?

Bei all diesen Fragen geht es nicht um das plakative Zurschaustellen jener Orte und Regionen mit besonderen Schwächen oder Risiken. Dieser Atlas verzichtet daher bewusst auf die sonst so beliebten tabellarischen Rankings. Oft ist die solchen Rankings zugrunde liegende Methode zweifelhaft oder zumindest intransparent. Rankings sind besonders dann kritisch zu betrachten, wenn mehrere Sachverhalte zu einem einzigen Wert zusammengefasst werden.

Wir setzen hier stattdessen auf die kartografische Darstellung, auf Karten und die dahinter stehenden raumbezogenen Daten. Karten machen die regionale Betroffenheit besonders deutlich. Um die Anschaulichkeit zu erhöhen, werden in den Karten die numerischen Indikatoren für jene Orte und Regionen mit besonders hohen oder besonders niedrigen Werten farblich herausgehoben.

Diese Form der Darstellung kann als Frühwarnung für die Politik dienen, wenn sich Risiken oder ungünstige Entwicklungen räumlich zu verfestigen drohen. Auch regt sie zum Nachdenken über direkte oder indirekte Zusammenhänge der dargestellten Sachverhalte an. Wo sollen z. B. in einer Region die Fachkräfte der Zukunft herkommen, wenn dort immer weniger Kinder geboren werden? Schließlich können die Karten und Abbildungen Hinweise darauf geben, wie es um das im Grundgesetz verankerte Postulat der „Herstellung gleichwertiger Lebensverhältnisse im Bundesgebiet" bestellt ist. Was kann und will sich unsere Gesellschaft in Zeiten von Euro-Rettung, Haushaltskonsolidierung und Schuldenbremse an räumlicher Ausgleichspolitik noch leisten?

Somit richtet sich dieser Atlas an alle, die sich aktiv an der Diskussion um die gesellschaftliche Bewertung räumlicher Strukturen und Entwicklungen beteiligen, oder die sich schlicht über eine Auswahl begünstigter oder gefährdeter Orte und Regionen in Deutschland informieren wollen. Dafür findet sich auf den folgenden Seiten eine Themenauswahl, die für die räumliche Verteilung von Lebenschancen und -risiken in Deutschland grundlegend ist.

Leitend für die Erarbeitung dieses Atlas' ist die bekannte Metapher „Ein Bild sagt mehr als tausend Worte". Wenn dieses „Bild" die Information auf den Punkt bringt, komplexe Sachverhalte einfach vermittelt, ist gute Arbeit geleistet worden. In diesem Sinne wünsche ich allen Leserinnen und Lesern Entdeckungslust und eindrückliche, nachdenklich machende Einsichten.

Hans-Peter Gatzweiler

Hans-Peter Gatzweiler
Leiter der Abteilung „Raumordnung und Städtebau" im BBSR

Inhalt

Auf einen Blick

■ Die Lebensumstände der Menschen in Deutschland unterscheiden sich. Die Karten in diesem Atlas machen anschaulich, welche Trends sich abzeichnen – mit Blick auf Arbeitsmarkt, Demografie, Kommunalfinanzen, Umweltfaktoren und viele weitere Themen. Die besondere kartografische Darstellungsform verdeutlicht, in welchen Regionen sich besondere Probleme auftun.

Der Atlas lenkt das Augenmerk auf jene Regionen, die durch besonders hohe oder niedrige Werte gekennzeichnet sind. Dargestellt werden die Kreise und kreisfreien Städte. Dafür werden die Indikatorwerte der 412 Kreise und kreisfreien Städte in fünf gleich große Gruppen eingeteilt, in sogenannte **Quintile**. Grundlage für die Einteilung ist die Anzahl der Kreise. Somit decken die untere und die obere Gruppe jeweils 82 Kreise und kreisfreie Städte ab (412 / 5 = 82,4 gerundet 82).

Die Quintile selbst sind ebenfalls keine einheitliche Gruppe: Auch innerhalb der Quintile unterscheiden sich die Werte bisweilen erheblich. Aus diesem Grund enthalten die Karten-Legenden die jeweilige Wertereihe der Indikatoren. Dies lässt zum einen den kleinsten und den größten Wert erkennen, zum anderen wird die regionale Streuung deutlich. Werden Karten zu verschiedenen Zeitpunkten angeboten, zeigen die Verläufe der Indikatorwerte eventuelle Niveauunterschiede im Zeitvergleich an. Für politische Entscheidungen sind diese Darstellungen besonders wichtig, da sie zeigen, wo der Handlungsbedarf besonders groß ist. Dies trifft auch für jene Regionen und Orte zu, die besonderen Naturgefahren wie Hochwasser oder Erdbeben ausgesetzt sind. Vorausschauende Planung ist hier geboten. Solche Regionen werden farblich hervorgehoben. Auch der Klimawandel mit seiner Erderwärmung wird über die Zeit nicht alle Regionen in Deutschland in gleichem Ausmaße treffen. Raumordnung und Stadtentwicklung müssen jetzt diskutieren, Strategien entwickeln und Planungen einleiten, damit die Regionen und Städte auf die geänderten Klimabedingungen vorbereitet sind.

Raumbeobachtung mit Indikatoren
Was ist ein Indikator?

Indikatoren sind eine Messgröße für einen bestimmten Sachverhalt wie Ausbildungsplatzangebot, kommunale Schulden oder hausärztliche Versorgung. Ein Indikator ist ein „Anzeiger", der eine hinweisende Information bietet. Zur Interpretation ist die genaue Kenntnis über die Definition der Bestandteile eines Indikators notwendig sowie die dazugehörigen Metadaten.

Wofür benutzt man Indikatoren?

Regionale Unterschiede in verschiedenen Lebensbereichen können mit Hilfe von Indikatoren näher betrachtet werden. Indikatorwerte kennzeichnen die durchschnittliche Ausprägung eines betrachteten Merkmals in einem Gebiet. In den Karten sind die Indikatorwerte farblich abgestuft dargestellt.

Was ist zu beachten?

Indikatorwerte geben die Durchschnittswerte in einem Gebiet an. Diese Durchschnittswerte machen den Karteninhalt leichter erfassbar. Aber sie verbergen auch manches: Ist ein Gebiet mit einer bestimmten Farbe eingefärbt, bedeutet dies nur, dass die Aussage für das Gebiet oder die darin lebenden Menschen als Gesamtheit gilt, jedoch nicht, dass sie für alle Teilgebiete oder Menschen in diesem Gebiet zutreffend ist. Zudem ist bei der Bewertung zu beachten, dass kleine Regionen die Indikatorwerte profilieren, große nivellieren. Die unterschiedlichen geografischen Ausdehnungen der kreisfreien Städte und Kreise beeinflussen demnach den Indikatorwert. Um diese Effekte zu bereinigen, werden üblicherweise kleinere kreisfreie Städte mit ihrem Umlandkreis zusammengefasst oder die sogenannten Arbeitsmarktregionen genutzt. Bei der kartografischen Darstellung wird hier jedoch darauf verzichtet, um die administrative Betroffenheit zu dokumentieren.

Abbildung 1
Beispiel: Legendendarstellung

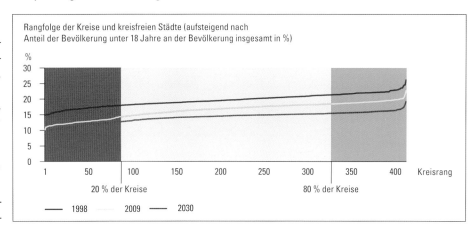

Rangfolge der Kreise und kreisfreien Städte (aufsteigend nach Anteil der Bevölkerung unter 18 Jahre an der Bevölkerung insgesamt in %)

20 % der Kreise   80 % der Kreise

—— 1998   —— 2009   —— 2030

Raumtypen helfen bei der Analyse

Raumtypen fassen Raumeinheiten ähnlicher Struktur, d. h. mit vergleichbaren Merkmalen, zusammen. Die siedlungsstrukturellen Kreistypen des BBSR eignen sich besonders für Vergleiche über Zeit und Raum. Wir konzentrieren uns hier auf Stadt-Land-Unterschiede und grenzen die folgenden Kreistypen voneinander ab:

- **Kreisfreie Großstädte:** Städte mit mehr als 100 000 Einwohnern.
- **Städtische Kreise:** Kreise mit einer Bevölkerungsmehrheit in Groß- und Mittelstädten; die Einwohnerdichte liegt über 150 Einwohner je km².
- **Ländliche Kreise mit Verdichtungsansätzen:** Ein höherer Anteil an Einwohnern lebt in Groß- und Mittelstädten; die Einwohnerdichte weist auf eine höhere Verdichtung hin.
- **Dünn besiedelte ländliche Kreise:** Die Mehrheit der Bevölkerung lebt in kleinen Städten und Landgemeinden; die Einwohnerdichte ist entsprechend niedrig.

Stadt-Land: Kreistypen schärfen den Blick

Flächenmäßig überwiegen die ländlichen Kreise, besonders im Osten Deutschlands. Doch bezogen auf die Einwohner oder auf ökonomische Faktoren dominieren die kreisfreien Großstädte und die städtischen Kreise. Dabei finden sich in Ostdeutschland fast ausschließlich monozentrische Großstädte, die von ländlichen Gebieten umschlossen sind. Der Typ „städtische Kreise" als Synonym für ausgedehnte Siedlungsbänder und verstädterte bzw. stark verdichtete Zwischenräume ist eher ein westdeutsches Phänomen.

Die gesellschaftlichen Entwicklungen betreffen sowohl Stadt als auch Land – wenngleich in unterschiedlichem Maß. Die siedlungsstrukturelle Ausgangslage beeinflusst nicht selten auch die Entwicklung einer Region oder sie steht als Stellvertreter für sozioökonomische Strukturen oder Trends. Darüber hinaus zeigt sich: Auch 20 Jahre nach der Wiedervereinigung gibt es immer noch bei vielen Indikatoren große Unterschiede zwischen Ost- und Westdeutschland, weshalb wir in den Karten und Grafiken entsprechend differenzieren.

Abbildung 2

Bedeutung der siedlungsstrukturellen Kreistypen in West- und Ostdeutschland

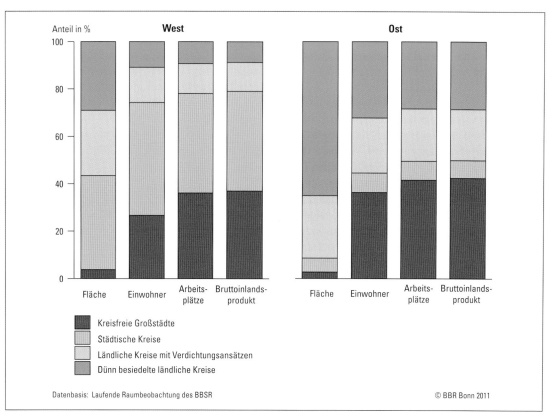

Datenbasis: Laufende Raumbeobachtung des BBSR

© BBR Bonn 2011

Karte 1
Siedlungsstruktureller Kreistyp

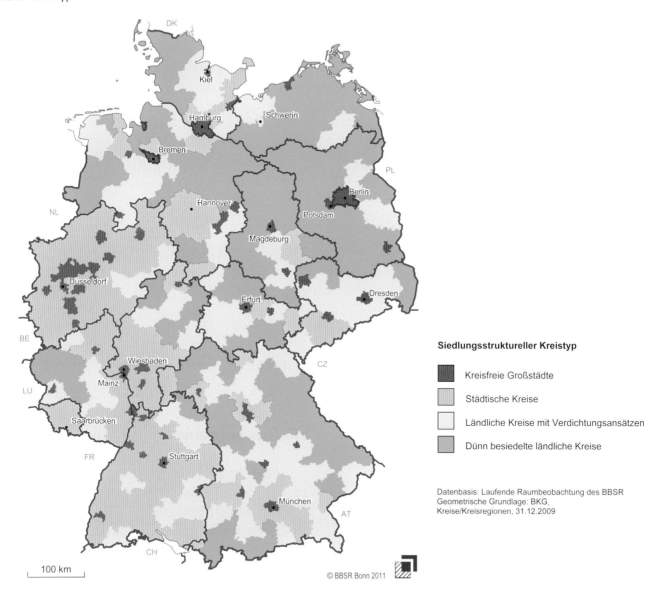

Siedlungsstruktureller Kreistyp

Kreisfreie Großstädte

Städtische Kreise

Ländliche Kreise mit Verdichtungsansätzen

Dünn besiedelte ländliche Kreise

Datenbasis: Laufende Raumbeobachtung des BBSR
Geometrische Grundlage: BKG,
Kreise/Kreisregionen, 31.12.2009

100 km

© BBSR Bonn 2011

1 Orte mit demografiebedingten Risiken

1 Orte mit demografiebedingten Risiken

■ Demografische Veränderungen gab es in Deutschland schon immer. In der Vergangenheit wuchsen die Bevölkerungszahlen – unterbrochen durch Kriege und deutsche Teilung. Mit dem neuen Jahrtausend gewinnt ein neuer Trend an Bedeutung: Wir werden weniger und älter. Weniger Bevölkerung bedeutet weniger Wachstum, Wohnungsleerstand und Versorgungsengpässe bei der familiären Pflege, aber auch bei Ärzten und Krankenhäusern. Regional werden diese Prozesse sehr differenziert verlaufen. Das hat Konsequenzen für die regionale Infrastrukturplanung und individuellen Lebensbedingungen, vor allem in Ostdeutschland.

Nach der Bevölkerungsprognose des BBSR werden im Jahr 2030 rund 2 % oder 1,6 Mio. weniger Menschen in Deutschland leben als 2009. Das mag auf den ersten Blick wenig erscheinen. Aber die regionalen Unterschiede sind beträchtlich: Kreisen mit starken Verlusten stehen Kreise mit großen Gewinnen gegenüber. So wird es zwar auch in den nächsten beiden Jahrzehnten noch wachsende Kreise und Regionen geben; ihr

Anteil wird aber immer geringer, so dass letztlich nur einzelne „Wachstumsinseln" übrig bleiben.

Die negativen Folgen für Infrastruktur und Daseinsvorsorge zeigen sich schon in einigen Regionen Ostdeutschlands. Deutlich werden auch die Probleme für die Arbeitsmärkte, da vielerorts das Erwerbspersonenpotenzial schrumpft. Einige Regionen sind zugleich mit Fachkräftemangel und Arbeitslosigkeit konfrontiert. Schließlich steigen die Anforderungen an eine demografiegerechte Bau-, Wohnungs-, Stadtentwicklungs- und Mobilitätspolitik. Barrierefreies Bauen, altersgerechte Wohnungen und Stadtquartiere mit Zukunft sowie die Sicherung der Mobilität einer alternden Gesellschaft sind Aufgaben einer vorausschauenden Politik. Stadt und Land stehen dabei vor großen Herausforderungen.

Folgende Fragen brennen unter den Nägeln: Kommt es als Folge des demografischen Wandels zu einer stärkeren Polarisierung und regionalen Konzentration ökonomischer Wachstumsprozesse? Wie reagieren

In vielen Regionen fehlt der Nachwuchs
(Foto: © Kirsten Mensch/Schader-Stiftung)

die Städte und Regionen auf den erhöhten Wohnungsleerstand? Ist dies eine Chance für die Innenentwicklung unserer Städte? Wie kann das Ziel aufrecht erhalten werden, gleichwertige Lebensverhältnisse in der gesamten Bundesrepublik herzustellen? Damit verbunden ist auch die Frage, was freiwilliges Engagement für die Regionen leisten kann.

1.1 Regionale Bevölkerungsentwicklung im Wandel der Zeit

■ Wie sich die Bevölkerungszahl und der Aufbau der Bevölkerung entwickelt, ist für die staatliche Infrastruktur-Planung wesentlich. In kaum einem Land in Europa gab es seit dem 20. Jahrhundert so starke demografische Veränderungen wie in Deutschland. Die hier dargestellten Zeitschnitte 1939, 1950, 1961, 1970 und 1987 ergeben sich aus den Volkszählungen, die in diesen Jahren (1987 nur im Westen) stattfanden. Die Jahre 1939 und 1961 sind gleichzeitig historische Zäsuren.

1939–1950–1961: Folgen des Zweiten Weltkriegs

Insgesamt lebten 1950 auf dem Gebiet des heutigen Deutschlands über neun Mio. Menschen mehr als vor dem Krieg. Dabei handelte es sich vor allem um die Flüchtlinge und Vertriebenen aus den Ostgebieten. Sie wurden überwiegend im ländlichen Raum, vor allem in Norddeutschland, untergebracht. Besonders betroffen war Schleswig-Holstein, dessen Bevölkerungszahl 1950 um fast zwei Drittel über dem Niveau von 1939 lag. Ein Grund war, dass viele Flüchtlinge über die Ostsee evakuiert worden waren. Hinzu kamen die vor den Bombenangriffen geflüchteten und evakuierten Bewohner vieler Großstädte, die ebenfalls auf dem Land untergekommen waren und zunächst häufig dort blieben. Denn der Wiederaufbau der Städte und die Wiederherstellung von Wohnraum hatten 1950 erst richtig begonnen.

Die Entwicklung zwischen 1950 und 1961 lässt sich daher nur verstehen, wenn man die gewaltigen Besonderheiten der Situation um 1950 berücksichtigt. Die nur vorübergehend im ländlichen Raum untergebrachten Menschen zogen wieder zurück in die Städte, die nicht nur neuen Wohnraum, sondern auch viele Arbeitsplätze boten. In den 1950er und 1960er Jahren waren diese Arbeitsplätze noch häufig in Bergbau und Industrie zu finden. Deshalb verzeichneten die Ruhrgebietsstädte ein besonders starkes Einwohnerplus. Viele der Städte hatten nie mehr so viele Einwohner wie Anfang der 1960er Jahre.

In den 1950er Jahren wuchs die Bevölkerung durch Geburtenüberschüsse. Diese wurden in der DDR allerdings durch die Abwanderung vieler Menschen nach Westen aufgezehrt. Zwischen 1950 und dem Jahr des Mauerbaus 1961 verließen über drei Mio. Menschen die DDR. Es ist daher nicht verwunderlich, dass vor allem die Städte der alten Bundesrepublik profitierten.

1961–1970–1987: Ost-West-Teilung

Der Zeitraum 1961 bis 1987 (letztlich bis 1989) wird durch die deutsche Teilung geprägt, die mit dem Mauerbau 1961 zementiert wurde. Eine Zeit fast ohne Wanderungen zwischen Ost und West. Suburbanisierung prägte die Entwicklung im Westen. Vor allem junge Familien zog es in die Gemeinden im Umland der Großstädte. Die Umlandgemeinden profitierten

besonders vom wachsenden Wohlstand und der zunehmenden Massenmotorisierung. Die hohen Geburtenzahlen des Babybooms (Maximum 1964) verstärkten zusätzlich die Nachfrage nach entsprechenden Wohnformen und Wohnstandorten. In der DDR gab es keine Suburbanisierung, das Wachstum konzentrierte sich auf die Städte mit neuen Großwohnsiedlungen. Insgesamt wuchs die Bevölkerung zunächst noch durch Geburtenüberschüsse. Im Westen kamen Wanderungsgewinne aus dem Ausland hinzu.

Zwischen 1970 und 1987 stagnierte die Bevölkerungszahl. Seit 1972 war der natürliche Saldo, also die Differenz aus Geburten und Sterbefällen, negativ. Die Sterbeüberschüsse konnten aber im Westen zumeist durch Zuwanderung aus dem Ausland kompensiert werden. In diesem Zeitraum sind kaum Gegensätze zwischen den Städten und Regionen erkennbar. Im Westen setzten sich teilweise die Suburbanisierungsgewinne im Umland einiger Großstädte fort. Außerdem gab es in den 1970er Jahren umfangreiche kommunale Gebietsreformen. Die rückwirkende Umrechnung der Bevölkerungszahlen auf den heutigen Gebietsstand ist dabei nicht immer exakt, sodass sich bei der Karte zum Zeitraum 1970 bis 1987 einige unplausible, vermutlich auf fehlerhafte Umschätzungen zurückzuführende (Schein-)Entwicklungen ergeben. In der DDR wuchsen vor allem die Städte, wo der Wohnungsbau in Großwohnsiedlungen (nunmehr überwiegend Plattenbauten) weiter fortgesetzt wurde. Die meisten Großstädte der DDR verzeichneten deshalb in den Jahren 1987 und 1988 die meisten Einwohner.

1987–2010–2030: Wiedervereinigung und demografischer Wandel

Die Volkszählung 1987 bietet eine Datengrundlage und Vergleichsbasis zu den früheren Zeitpunkten. Und auch der Blick auf die Bevölkerungsentwicklung in Ostdeutschland kurz vor der Wiedervereinigung ist aufschlussreich, werden die gewaltigen Veränderungen nach der Wende im Vergleich dazu doch besonders deutlich. Obwohl die gesamtdeutsche Bevölkerung 1987 bis 2010 nochmals um rund vier Mio. wuchs, verzeichneten die meisten Regionen in Ostdeutschland erhebliche Verluste. Für den Rückgang waren nicht nur Ost-West-Wanderungen verantwortlich, sondern auch ein regelrechter Einbruch der Geburtenzahlen. 1989 wurden in der DDR noch rund 200 000 Kinder geboren, 1993 in den neuen Ländern dagegen nur rund 80 000.

Umgekehrt wiesen die Regionen im Westen überwiegend Bevölkerungsgewinne auf, die nicht nur aus Ost-Wanderungen resultierten, sondern auch auf Zuwanderung aus dem Ausland zurückzuführen sind. Anders als in der Phase der Gastarbeiter sind die Zuzüge aus dem Ausland nunmehr weitgehend von ökonomischen Zyklen und dem Arbeitskräftebedarf entkoppelt.

Seit den 1990er Jahren ist die Bevölkerungsentwicklung unter dem Schlagwort „Demografischer Wandel" stärker in den politischen Fokus gerückt. Inzwischen werden Regionen mit demografisch bedingten Risiken und Problemen auch explizit als Räume mit politischem und planerischem Handlungsbedarf bezeichnet. Insbesondere für Fragen der Infrastrukturausstattung und der Tragfähigkeit der Einrichtungen ist eine stark schrumpfende Bevölkerungszahl problematisch – vor allem dann, wenn es sich um dünnbesiedelte und zusätzlich noch ökonomisch schwache Teilräume handelt. Genau diese Konstellation prägt aber die räumliche Bevölkerungsentwicklung seit der deutschen Einigung.

Tabelle 1
Bevölkerungsentwicklung

	Bevölkerung in 1 000								
	1939	1950	1961	1970	1987	2010	2030 [1]	2060 [2]	2060 [3]
Bund	59 670	69 111	73 196	77 761	77 738	81 802	80 238	64 589	70 051
West	40 241	48 666	53 994	58 535	59 071	65 422	66 026	53 481	57 956
Schleswig-Holstein	1 589	2 595	2 317	2 494	2 554	2 832	2 860	2 236	2 414
Hamburg	1 712	1 606	1 832	1 794	1 593	1 774	1 757	1 678	1 848
Niedersachsen	4 545	6 806	6 648	7 089	7 168	7 929	7 868	6 179	6 718
Bremen	563	559	706	723	660	662	666	569	641
Nordrhein-Westfalen	11 945	13 207	15 912	16 914	16 712	17 873	17 493	14 230	15 349
Hessen	3 479	4 324	4 814	5 382	5 508	6 062	6 191	4 916	5 326
Rheinland-Pfalz	2 960	3 005	3 417	3 645	3 631	4 013	4 116	3 245	3 570
Baden-Württemberg	5 476	6 430	7 759	8 895	9 286	10 745	11 210	9 034	9 719
Bayern	7 082	9 180	9 515	10 479	10 903	12 510	12 918	10 708	11 620
Saarland	889	955	1 073	1 120	1 056	1 023	947	686	751
Ost	19 429	20 446	19 202	19 226	18 668	16 380	14 212	11 108	12 095
Berlin	4 339	3 336	3 253	3 208	3 274	3 443	3 414	2 893	3 246
Brandenburg	2 553	2 723	2 621	2 654	2 667	2 512	2 371	1 626	1 726
Mecklenburg-Vorpommern	1 408	2 051	1 917	1 974	1 968	1 651	1 358	1 056	1 149
Sachsen	5 615	5 874	5 450	5 415	5 032	4 169	3 472	2 862	3 098
Sachsen-Anhalt	3 070	3 582	3 284	3 218	3 007	2 356	1 758	1 347	1 456
Thüringen	2 443	2 880	2 677	2 758	2 721	2 250	1 839	1 324	1 420

Volkszählungsjahre 1939, 1950, 1961, 1970 und die Fortschreibung der Bevölkerung für Westdeutschland.
Die Daten für Ostdeutschland wurden aus den Statistischen Jahrbüchern der DDR ergänzt und an den gültigen Gebietsstand angepasst. Seit 1980 gibt es die Bevölkerungszahlen für Ostdeutschland kontinuierlich von den Statistischen Landesämtern.
[1] Prognose des BBSR, [2] Prognose nach der 12. Koordinierten Bevölkerungsprognose, mittlere Bevölkerung, Untergrenze (Variante 1–W1),
[3] Prognose nach der 12. Koordinierten Bevölkerungsprognose, mittlere Bevölkerung, Obergrenze (Variante 1–W2)

Quelle: Laufende Raumbeobachtung des BBSR, Bevölkerungsstatistik, Bevölkerungsprognose

Der Zeitraum 2009 bis 2030 zeigt schließlich einen Blick in die Zukunft, aufbauend auf der BBSR-Bevölkerungsprognose. Dabei handelt es sich um eine so genannte Status-Quo-Prognose. Sie unterstellt, dass die Rahmenbedingungen, wie sie ungefähr seit der Jahrtausendwende beobachtet werden, weiter gültig bleiben. Dies betrifft insbesondere die Geburtenhäufigkeit, den weiteren Anstieg der Lebenserwartung und nicht zuletzt das Wanderungsverhalten.

Es ist daher auch nicht verwunderlich, dass im Prognosezeitraum bis 2030 ähnliche Muster wie im Zeitraum 1987 bis 2009 deutlich werden. Die Unterschiede gegenüber der Vergangenheit liegen weniger in der räumlichen Verteilung als im Niveau der Entwicklung. Auch im Westen werden immer mehr Kreise durch eine abnehmende Bevölkerungszahl geprägt. Der demografische Wandel breitet sich weiter aus. Dabei werden die Abnahmen der Bevölkerungszahlen im Prognose-zeitraum zunehmend durch immer größer werdende Sterbeüberschüsse geprägt, die nicht mehr, wie noch in der Vergangenheit, durch Wanderungsgewinne ausgeglichen werden können. Es wird zwar auch in den nächsten beiden Jahrzehnten noch wachsende Regionen geben, ihr Anteil wird aber immer geringer, so dass letztlich nur einzelne „Wachstumsinseln" verbleiben.

Karte 2
Bevölkerungsentwicklung

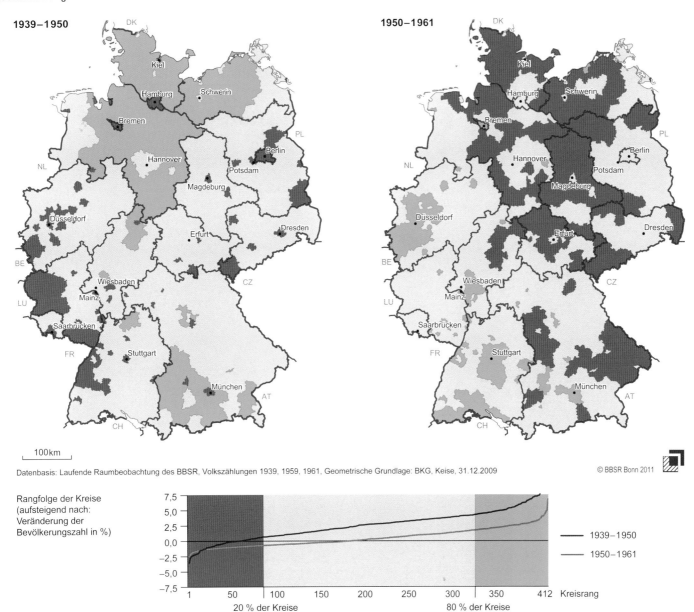

1939–1950

1950–1961

100km

Datenbasis: Laufende Raumbeobachtung des BBSR, Volkszählungen 1939, 1959, 1961, Geometrische Grundlage: BKG, Keise, 31.12.2009

© BBSR Bonn 2011

Rangfolge der Kreise
(aufsteigend nach:
Veränderung der
Bevölkerungszahl in %)

——— 1939–1950
——— 1950–1961

20 % der Kreise

80 % der Kreise

Kreisrang

Karte 3
Bevölkerungsentwicklung

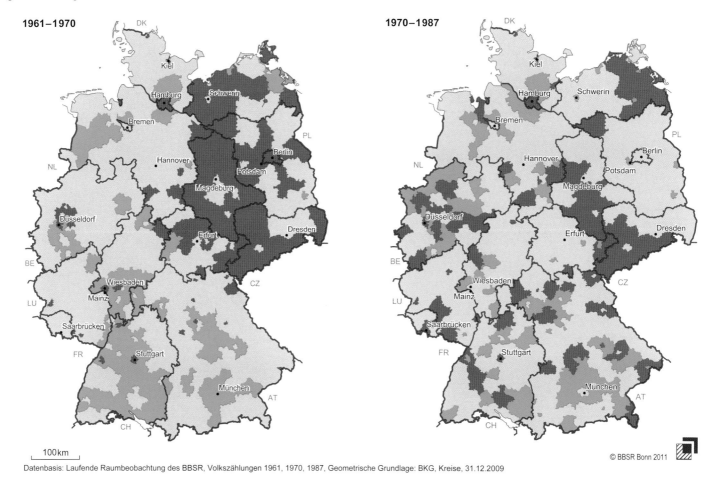

1961–1970

1970–1987

100km

Datenbasis: Laufende Raumbeobachtung des BBSR, Volkszählungen 1961, 1970, 1987, Geometrische Grundlage: BKG, Kreise, 31.12.2009

© BBSR Bonn 2011

Rangfolge der Kreise
(aufsteigend nach:
Veränderung der
Bevölkerungszahl in %)

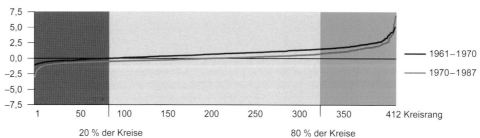

—— 1961–1970
—— 1970–1987

20 % der Kreise

80 % der Kreise

Karte 4
Bevölkerungsentwicklung

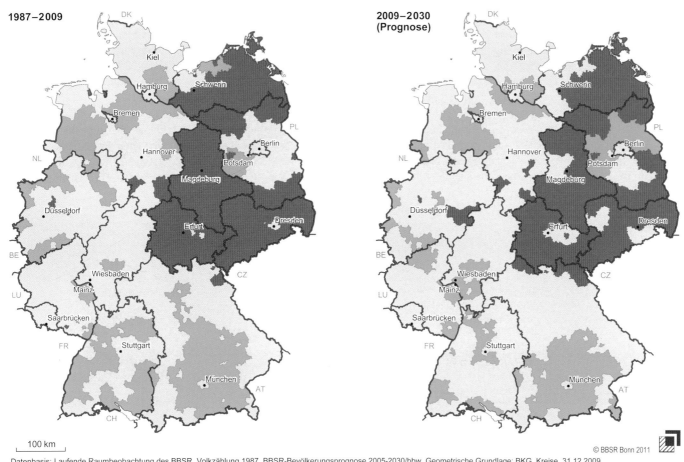

1987–2009

2009–2030
(Prognose)

100 km

© BBSR Bonn 2011

Datenbasis: Laufende Raumbeobachtung des BBSR, Volkzählung 1987, BBSR-Bevölkerungsprognose 2005-2030/bbw, Geometrische Grundlage: BKG, Kreise, 31.12.2009

Rangfolge der Kreise
(aufsteigend nach:
Veränderung der
Bevölkerungszahl in %)

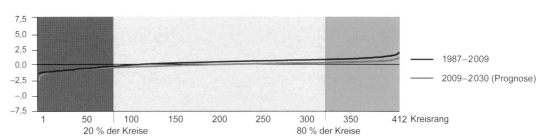

—— 1987–2009

—— 2009–2030 (Prognose)

1.2 Wanderungssaldo – die Abstimmung mit den Füßen

■ Jedes Jahr verlagern rund vier Mio. Menschen ihren Wohnsitz innerhalb Deutschlands über eine Gemeindegrenze und rund 2,5 Mio. von ihnen über eine Kreisgrenze. Die Wanderungen sind damit die bestimmende Ursache für die Zu- oder Abnahme der Bevölkerungszahl, aber auch für Änderungen in der Zusammensetzung der Bevölkerung.

Die meisten Umzüge bleiben dabei auf vergleichsweise geringe Entfernungen beschränkt. Sesshaftigkeit ist also der Normalfall, was bedeutet: Wenn Men-schen fortziehen, muss es dafür gute Gründe geben. Der Wanderungssaldo spiegelt vielfach die Lebensbedingungen in einer Region wieder. Wenn deutlich mehr Menschen fort- als zuziehen, wird offensichtlich: Wanderungen lassen sich als „Abstimmung mit den Füßen" auffassen.

Die Binnenwanderungen, also die Wanderungen innerhalb Deutschlands, sind ein „Nullsummenspiel": Wanderungsgewinne in einer Region sind nur auf Kosten von Verlusten in anderen Regionen möglich.

Ein ausgeglichener oder gar positiver Binnenwanderungssaldo kann also unmöglich überall realisiert werden. Da der natürliche Saldo – die Bilanz aus Geburten und Sterbefällen – in immer mehr Regionen negativ ist, konkurrieren die Regionen immer stärker um Einwohner.

Wanderungen sind auch wegen ihrer Selektivität von Bedeutung, denn sie beeinflussen die Zusammensetzung der Bevölkerung: In den meisten Fällen unterscheiden sich die Fortziehenden von den Zurückblei-

Abbildung 3
Binnenwanderungssaldo

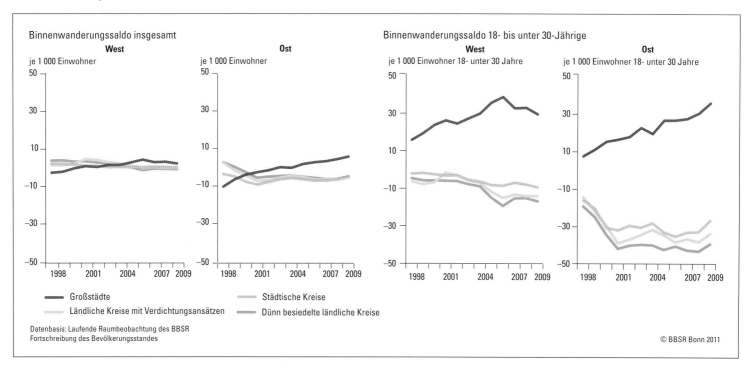

Datenbasis: Laufende Raumbeobachtung des BBSR
Fortschreibung des Bevölkerungsstandes

© BBSR Bonn 2011

benden. Die mobilen Gruppen verfügen in der Regel über eine höhere Bildung und höheres Einkommen. Sie sind zudem meist jünger als die Sesshaften.

Der Zeitraum 2007 bis 2009 zeigt gegenüber der Situation 1998/2000 grundsätzlich nur geringe Änderungen. Der Stadt-Land-Gegensatz als prägendes Muster der Bildungs- und Berufswanderungen ist in den letzten Jahren sogar noch deutlicher geworden. Gerade in Ostdeutschland, wo in den 1990er Jahren noch diverse Sonderentwicklungen das Wanderungsgeschehen überlagert hatten, weist nunmehr die Mehrzahl der kreisfreien Städte Wanderungsgewinne der 18- bis 30-Jährigen auf. Ende des 20. Jahrhunderts hatten diese Städte zumeist noch Wanderungsverluste zu verzeichnen.

Weiterhin negativ sind die Wanderungssalden in den ländlichen Räumen Ostdeutschlands. Die Menschen dort ziehen vor allem in die nahe gelegenen Großstädte.

Tabelle 2
Binnenwanderung

	Binnenwanderungssaldo je 1 000 Einwohner				Binnenwanderungssaldo 18- unter 30-jährige je 1 000 Einwohner im Alter von 18 bis unter 30 Jahre			
	1998 bis 2000	2007 bis 2009	Minimum 2007 bis 2009	Maximum 2007 bis 2009	1998 bis 2000	2007 bis 2009	Minimum 2007 bis 2009	Maximum 2007 bis 2009
Bund	0,0	0,0	−19,9	10,5	0,0	−0,1	−71,3	61,3
West	0,8	0,6	−19,9	9,6	3,2	2,6	−65,0	61,3
Kreisfreie Großstädte	−2,0	2,5	−5,8	6,9	19,9	32,0	−15,4	61,3
Städtische Kreise	1,7	0,1	−19,9	9,6	−1,9	−7,8	−65,0	54,2
Ländliche Kreise mit Verdichtungsansätzen	1,3	−0,3	−5,7	6,4	−6,6	−13,5	−33,8	34,4
Dünn besiedelte ländliche Kreise	3,4	−1,0	−6,2	9,4	−5,1	−15,5	−43,5	40,8
Ost	−3,1	−2,2	−13,4	10,5	−11,4	−9,6	−71,3	49,8
Kreisfreie Großstädte	−6,9	4,4	−3,7	10,5	11,3	31,3	1,2	49,8
Städtische Kreise	−5,4	−6,3	−9,5	4,6	−22,2	−30,9	−50,8	14,9
Ländliche Kreise mit Verdichtungsansätzen	−1,2	−6,0	−13,4	3,0	−21,8	−36,2	−71,3	2,2
Dünn besiedelte ländliche Kreise	0,0	−5,8	−13,3	5,7	−26,1	−41,6	−70,9	41,9

Quelle: Laufende Raumbeobachtung des BBSR, Fortschreibung des Bevölkerungsstandes

Karte 5

Binnenwanderungssaldo insgesamt

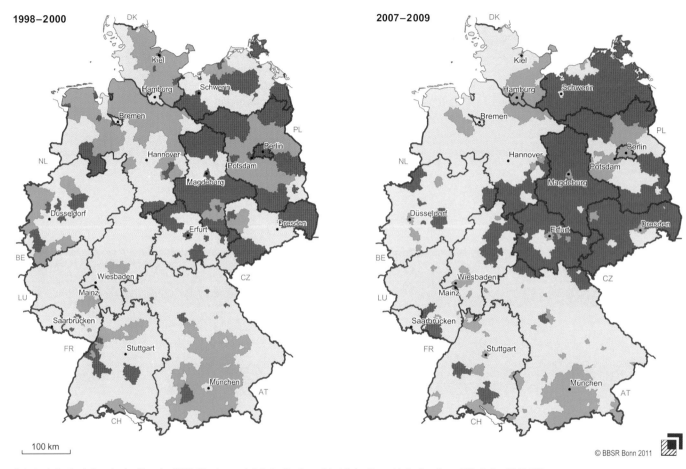

Datenbasis: Laufende Raumbeobachtung des BBSR, Wanderungsstatistik des Bundes und der Länder, Geometrische Grundlage: BKG, Kreise, 31.12.2009

© BBSR Bonn 2011

Rangfolge der Kreise
(aufsteigend nach:
Binnenwanderungssaldo der
je 1 000 Einwohner)

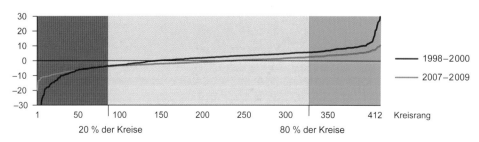

Karte 6
Binnenwanderungssaldo 18- bis unter 30-jährige

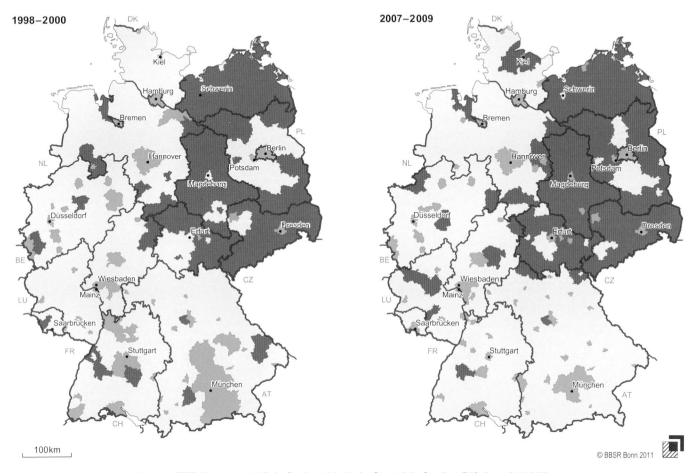

1998–2000

2007–2009

100km

© BBSR Bonn 2011

Datenbasis: Laufende Raumbeobachtung des BBSR, Wanderungsstatistik des Bundes und der Länder, Geometrische Grundlage: BKG, Kreise, 31.12.2009

Rangfolge der Kreise
(aufsteigend nach:
Binnenwanderungssaldo der
18- bis unter 30-Jährigen je
1 000 Einwohner im Alter von
18 bis unter 30 Jahre)

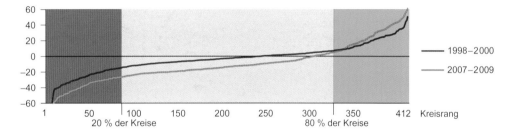

—— 1998–2000
—— 2007–2009

1.3 Wo fehlt der Nachwuchs für den Arbeitsmarkt?

■ Für die zukünftigen Arbeitsmärkte spielt nicht nur die fachliche Qualifikation der Beschäftigten eine Rolle. Für die wirtschaftliche Entwicklung ist auch entscheidend, dass der Nachwuchsbedarf gedeckt werden kann. Der Nachwuchs kommt aus der Altersklasse der unter 18-Jährigen.

Zwischen 1998 und 2009 nahm die Zahl der unter 18-Jährigen in Deutschland um 2,3 Mio. oder 15 % ab, was vor allem am Rückgang der Geburtenzahlen liegt. 1998 fanden sich die höchsten Anteile in ländlichen Regionen im westlichen Niedersachsen, im

nördlichen Westfalen und in Teilen Süddeutschlands. Die Kreise mit den höchsten Anteilen von Kindern und Jugendlichen verteilten sich im Jahr 2009 ähnlich wie 1998. Die Kreise mit den geringsten Werten befanden sich fast alle im Osten. 2009 waren in Ostdeutschland nur noch schwach besetzte Jahrgänge in dieser Altersgruppe vertreten.

Auch der seit Mitte der 1990er Jahre einsetzende Wiederanstieg der Geburtenhäufigkeiten konnte den „Verlust der Jugend" nicht mehr kompensieren. Durch die langjährigen Wanderungsverluste jüngerer Menschen ist die Zahl der potenziellen Eltern stark

gesunken, so dass auch bei vergleichsweise hohen Geburtenraten absolut gesehen weniger Kinder geboren werden.

Der Anteil der Kinder und Jugendlichen an der Gesamtbevölkerung wird bis 2030 weiter abnehmen. Die demografische Alterung mit einer weiteren Abnahme der Kinderzahlen trifft vor allem die ländlichen und suburbanen Räume. Dies stellt besonders die Landesplanung vor neue Herausforderungen. Gerade in dünn besiedelten Räumen kann die Tragfähigkeit von Schulstandorten gefährdet sein. Das trifft auch den Öffentlichen Nahverkehr, da im ländlichen Raum vor allem Schüler zu den Fahrgästen zählen.

Abbildung 4
Bevölkerung unter 18 Jahre

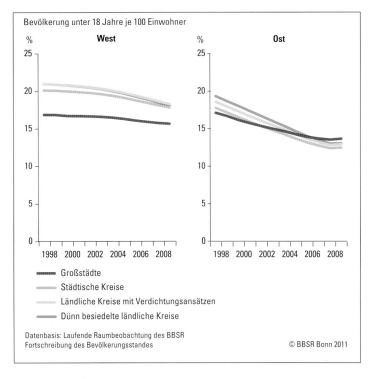

Datenbasis: Laufende Raumbeobachtung des BBSR
Fortschreibung des Bevölkerungsstandes　　© BBSR Bonn 2011

Tabelle 3
Bevölkerung unter 18 Jahre

	Bevölkerung unter 18 Jahre je 100 Einwohner						
	1998	2009	2030	Entwicklung der Zahl der Einwohner unter 18 Jahre 1998 bis 2009 in %	Entwicklung der Zahl der Einwohner unter 18 Jahre 2009 bis 2030 in %	Minimum 2030	Maximum 2030
Bund	**19,2**	**16,5**	**14,4**	**−14,4**	**−14,3**	**8,9**	**19,2**
West	**19,5**	**17,3**	**14,9**	**−9,9**	**−13,1**	**11,9**	**19,2**
Großstädte	16,8	15,6	15,0	−5,7	−6,3	13,3	17,6
Städtische Kreise	20,1	17,8	14,8	−10,3	−14,3	11,9	17,2
Ländliche Kreise mit Verdichtungsansätzen	21,0	18,3	15,0	−11,8	−16,1	12,2	18,3
Dünn besiedelte ländliche Kreise	21,0	18,1	14,9	−14,0	−18,0	12,5	19,2
Ost	**18,2**	**13,2**	**12,1**	**−32,1**	**−20,5**	**8,9**	**14,9**
Großstädte	17,1	13,6	13,0	−19,6	−12,0	10,8	14,9
Städtische Kreise	17,7	12,5	11,6	−38,2	−27,3	9,7	14,8
Ländliche Kreise mit Verdichtungsansätzen	18,6	12,9	11,6	−37,1	−24,6	8,9	13,2
Dünn besiedelte ländliche Kreise	19,3	13,0	11,3	−38,3	−26,0	9,6	12,8

Quelle: Laufende Raumbeobachtung des BBSR, Fortschreibung des Bevölkerungsstandes, Bevölkerungsprognose

Karte 7
Bevölkerung unter 18 Jahre

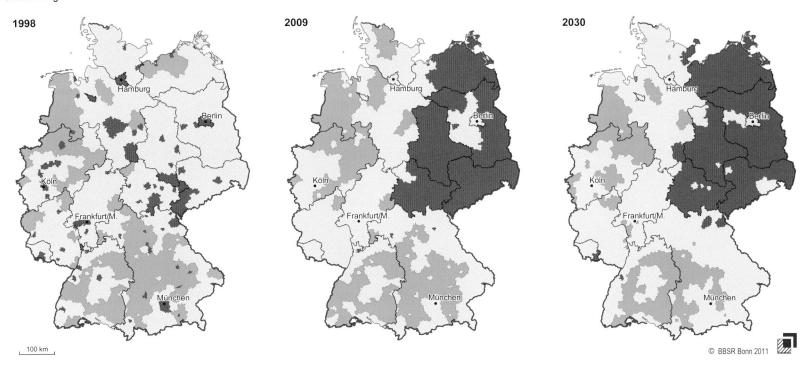

1998

2009

2030

100 km

© BBSR Bonn 2011

Datenbasis: Laufende Raumbeobachtung des BBSR, Bevölkerungsfortschreibung des Bundes und der Länder, Geometrische Grundlage: BKG, Kreise, 31.12.2009

Rangfolge der Kreise
(aufsteigend nach:
Bevölkerung unter 18 Jahre
je 100 Einwohner)

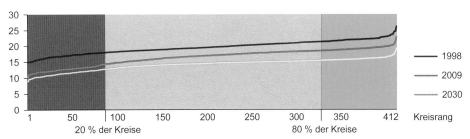

20 % der Kreise   80 % der Kreise

——— 1998
——— 2009
——— 2030

Kreisrang

1.4 Paare gesucht – Männerüberschuss bei den 18- bis 40-Jährigen

■ Die Geburt eines Kindes ist für die Gesellschaft ein Glücksfall. Damit dieser Glücksfall eintritt, müssen sich Frauen und Männer finden. Doch in vielen Regionen fehlen junge Frauen. Ursache sind markante Unterschiede im Wanderungsverhalten. Dies betrifft nicht nur die Häufigkeit von Umzügen, sondern auch und gerade die Unterschiede bei der Wahl von Ausbildungs- und Studienorten und damit letztlich von Berufen und Arbeitsplätzen. Nach wie vor gibt es bemerkenswert deutliche geschlechtsspezifische Vorlieben. In vielen Universitätsstädten gibt es mehr Frauen als Männer. Dies gilt auch jenseits des Bildungsbereiches für die meisten Großstädte mit einem hohen Anteil an Beschäftigten im Dienstleistungssektor. Umgekehrt fehlen vor allem im ländlichen Raum in Ostdeutschland die jungen Frauen.

Daran hat sich zwischen 1998 und 2009 nur wenig geändert. Der „Männerüberschuss" ist eine Folge der besonders ausgeprägten Wanderungsverluste dieser Regionen, die durch eine überproportionale Abwanderung von jüngeren Frauen geprägt sind. Es ist schwer prognostizierbar, inwiefern der „Männerüberschuss" auch in den Altersgruppen der Familienbildung erhalten bleiben wird.

Die Vergleichbarkeit und Interpretierbarkeit dieses Indikators wird durch die notgedrungen starren Altersgruppen allerdings etwas erschwert. Frauen sind in der Regel jünger als Männer in vergleichbaren Lebensphasen. Bei der Eheschließung sind Männer durchschnittlich rund drei Jahre älter. In Bildungs- und Berufseinstiegsphasen sind die entsprechenden Unterschiede geringer, aber auch hier sind die Männer im Durchschnitt etwas älter. Durch die Darstellung der vergleichsweise „breiten" Altersgruppe der 18- bis 40-jährigen wiegt das weniger schwer.

Abbildung 5
Geschlechterverhältnis der 18- bis 40-Jährigen

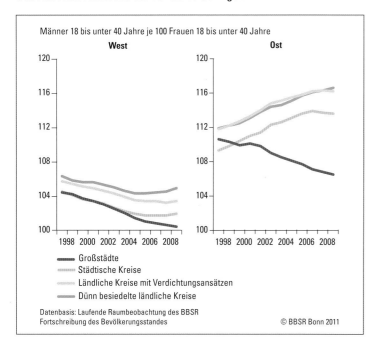

Männer 18 bis unter 40 Jahre je 100 Frauen 18 bis unter 40 Jahre

West / Ost

— Großstädte
····· Städtische Kreise
···· Ländliche Kreise mit Verdichtungsansätzen
— Dünn besiedelte ländliche Kreise

Datenbasis: Laufende Raumbeobachtung des BBSR
Fortschreibung des Bevölkerungsstandes

© BBSR Bonn 2011

Tabelle 4
Geschlechterverhältnis der 18- bis 40-Jährigen

	Männer 18 bis unter 40 Jahre je 100 Frauen im Alter von 18 bis unter 40 Jahre (Werte über 100 = Männerüberschuss)							
	1998				2009			
	Geschlechterverhältnis	Bund = 100	Minimum	Maximum	Geschlechterverhältnis	Bund = 100	Minimum	Maximum
Bund	105,9	100,0	92,4	127,2	103,3	100,0	86,3	125,1
West	104,8	98,9	92,4	127,2	101,5	98,3	86,3	120,0
Großstädte	104,3	98,5	92,4	114,3	99,4	96,2	86,3	113,0
Städtische Kreise	104,4	98,5	93,9	125,9	101,7	98,5	93,4	120,0
Ländliche Kreise mit Verdichtungsansätzen	105,8	99,9	96,1	127,2	103,3	100,1	89,4	115,0
Dünn besiedelte ländliche Kreise	106,4	100,5	99,3	114,8	104,9	101,6	95,8	115,7
Ost	110,3	104,1	106,0	118,4	110,4	106,9	98,3	125,1
Großstädte	108,1	102,0	106,0	115,6	103,3	100,0	98,3	117,2
Städtische Kreise	109,5	103,4	107,1	110,5	115,0	111,4	104,6	118,7
Ländliche Kreise mit Verdichtungsansätzen	111,7	105,5	106,5	118,4	116,2	112,5	107,7	121,9
Dünn besiedelte ländliche Kreise	111,9	105,6	107,2	118,1	115,9	112,2	98,4	125,1

Quelle: Laufende Raumbeobachtung des BBSR, Fortschreibung des Bevölkerungsstandes

Karte 8
Geschlechterverhältnis der 18- bis 40-Jährigen

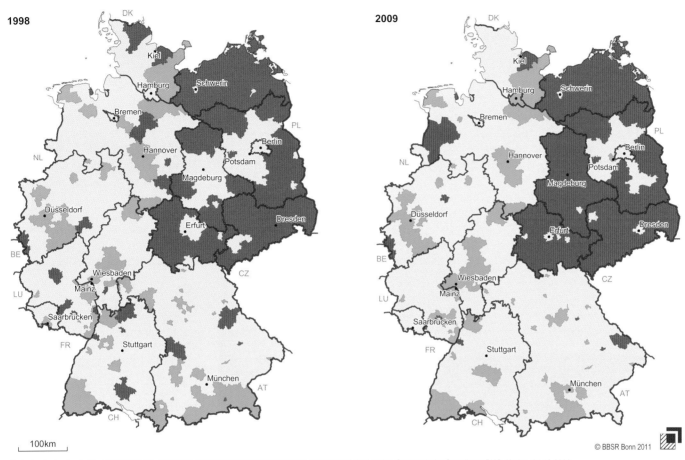

1998

2009

100km

© BBSR Bonn 2011

Datenbasis: Laufende Raumbeobachtung des BBSR, Bevölkerungsfortschreibung des Bundes und der Länder, Geometrische Grundlage: BKG, Kreise, 31.12.2009

Rangfolge der Kreise
(absteigend nach:
Männer 18 bis unter 40 Jahre
je 100 Frauen
18 bis unter 40 Jahre)

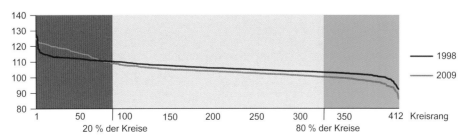

— 1998
— 2009

20 % der Kreise

80 % der Kreise

Kreisrang

1.5 Wo wohnen die „Älteren"?

■ Der Anteil älterer Menschen nimmt überall in Deutschland zu. 1998 war der Anteil der über 75-Jährigen in den Städten besonders hoch, während er in den ländlichen Räumen besonders in Ostdeutschland gering war. Dort zeigt sich ein Nord-Süd-Gefälle. Vor allem in Sachsen gab es Kreise mit einem hohen Anteil über 75-Jähriger, während in Mecklenburg-Vorpommern und Brandenburg die Werte vergleichsweise gering waren. Darüber hinaus gab es im Westen einzelne Kreise mit hohen Werten wie Ostholstein, Baden-Baden und Kreise des Alpenvorlands, die vor allem als Wohnstandorte für den Ruhestand beliebt sind.

Seither wuchs der Anteil der über 75-Jährigen vor allem außerhalb der Städte. In den alten Ländern zeig-

ten sich 2009 ansonsten keine Änderungen der großräumigen Muster. Umso deutlicher sind dagegen die Verschiebungen, die sich innerhalb der neuen Länder vollzogen haben. Die Kreise im Nordosten (Mecklenburg-Vorpommern, Brandenburg) haben ihre Position mit den niedrigsten Anteilen weitgehend verloren. Die Kreise im Süden der neuen Länder fallen zunehmend in die Kategorie der höchsten Anteile.

Bis 2030 wird sich der Ost-West-Gegensatz verstärken, und die Kreise mit den höchsten Anteilen werden dann fast ausschließlich in Ostdeutschland liegen. Vor allem Mecklenburg-Vorpommern, das 1998 noch flächendeckend zur Gruppe mit den niedrigsten Anteilen gehörte, weist 2030 fast flächendeckend Kreise mit besonders hohen Werten auf. Der zu erwartende

und grundsätzlich als positiv zu wertende weitere Anstieg der Lebenserwartung unterstützt diese Entwicklung zwar auch. Sie ist im Kern aber eher ein Ergebnis der überproportional hohen Abnahmen bei den jüngeren Altersgruppen.

Regionen mit stark zunehmenden Anteilen älterer Menschen stehen vor der Aufgabe, die Gesundheitsversorgung zu sichern. Im höheren Alter steigt die Nachfrage nach medizinischen Leistungen stark an. Immer mehr Menschen werden pflegebedürftig, auch durch Demenz. Gleichzeitig wird die Mobilität der Menschen geringer. Für ältere Menschen ergeben sich auch geänderte Anforderungen an Wohnungen, Wohnumfeld und soziale Infrastrukturen wie die Arzt- und Krankenhausversorgung.

Tabelle 5
Bevölkerung 75 Jahre und älter

	Bevölkerung 75 Jahre und älter je 100 Einwohner						
	1998	2009	2030	Entwicklung der Zahl der Einwohner 75 und mehr Jahre 1998 bis 2009 in %	Entwicklung der Zahl der Einwohner 75 und mehr Jahre 2009 bis 2030 in %	Minimum 2030	Maximum 2030
Bund	**6,9**	**8,9**	**12,8**	**28,3**	**41,2**	**8,4**	**23,7**
West	**7,0**	**8,8**	**12,1**	**27,0**	**38,7**	**8,4**	**17,6**
Großstädte	7,8	8,8	11,1	14,6	23,3	8,4	15,0
Städtische Kreise	6,6	8,7	12,3	33,9	44,8	8,7	16,3
Ländliche Kreise mit Verdichtungsansätzen	6,9	8,8	12,5	30,2	45,3	9,3	17,6
Dünn besiedelte ländliche Kreise	7,2	9,2	13,1	27,7	40,8	9,8	16,5
Ost	**6,5**	**9,2**	**16,0**	**33,3**	**50,8**	**11,8**	**23,7**
Großstädte	6,7	8,2	13,6	22,7	53,3	11,8	21,1
Städtische Kreise	7,4	10,9	19,2	29,3	37,4	15,2	22,4
Ländliche Kreise mit Verdichtungsansätzen	6,6	10,0	17,6	36,5	47,3	14,2	23,7
Dünn besiedelte ländliche Kreise	6,0	9,5	17,2	44,2	54,8	13,6	20,8

Quelle: Laufende Raumbeobachtung des BBSR, Fortschreibung des Bevölkerungsstandes, Bevölkerungsprognose

Tabelle 6
Ab 80 steigt das Demenzrisiko steil an

Altersgruppe	Männer Prozent	Frauen Prozent
30 bis 59 Jahre	0,16	0,09
60 bis 64 Jahre	1,58	0,47
65 bis 69 Jahre	2,17	1,10
70 bis 74 Jahre	4,61	3,86
75 bis 79 Jahre	5,04	6,67
80 bis 84 Jahre	12,12	13,50
85 bis 89 Jahre	18,45	22,76
90 bis 94 Jahre	32,10	32,25
95 bis 99 Jahre	31,58	36,00

Quelle: Demenz-Report des Berlin-Instituts für Bevölkerung und Entwicklung, Berlin 2011, S.23

Karte 9
Bevölkerung 75 Jahre und älter

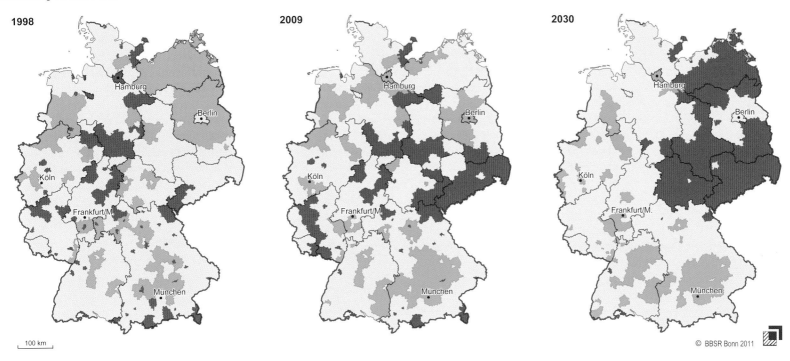

1998

2009

2030

100 km

© BBSR Bonn 2011

Datenbasis: Laufende Raumbeobachtung des BBSR, Bevölkerungsfortschreibung des Bundes und der Länder, Geometrische Grundlage: BKG, Kreise, 31.12.2009

Rangfolge der Kreise
(absteigend nach:
Bevölkerung 75 Jahre und älter
je 100 Einwohner)

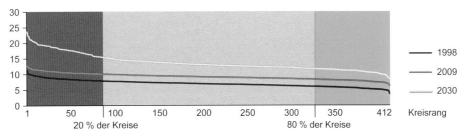

1998

2009

2030

20 % der Kreise   80 % der Kreise

Kreisrang

1.6 Wer pflegt die „Älteren"?

■ In den kommenden Jahrzehnten wird die Zahl älterer Menschen weiter zunehmen. Besonders stark wächst die Gruppe der Hochbetagten über 80 Jahre, deren Zahl bis 2030 um rund 50 % ansteigen wird. Im hohen Alter wird es für viele Menschen zunehmend schwieriger, eigenständig zu bleiben. Für die Alltagsbewältigung sind sie häufig auf Hilfe angewiesen. Dies gilt auch dann, wenn die im Sozialgesetzbuch definierte Pflegebedürftigkeit noch nicht gegeben ist. Gerade in diesen Fällen ist die Hilfe durch Angehörige besonders wichtig. Darüber hinaus wird gegenwärtig auch etwa knapp die Hälfte der formal anerkannten Pflegebedürftigen durch Angehörige versorgt.

Die größte Bedeutung haben in diesem Zusammenhang die Kinder der Hochbetagten, also jene Personen, die im Abstand einer Generation zu den über 80-Jährigen stehen. Diese werden hier durch die Altersgruppe der 50- bis unter 65-Jährigen abgebildet. Sie sind in der Regel in der Lage, Pflege oder Hilfsleistungen zu erbringen. Aus dem Verhältnis der Hochbetagten zur Kindergeneration lässt sich das demografische Potenzial für entsprechende Hilfsleistungen zur Alltagsbewältigung ableiten. Diese Generationen-Relation kann auch als Unterstützungskoeffizient interpretiert werden.

Gegenwärtig kommen in Deutschland auf 100 Personen der Kindergeneration 26,5 Hochbetagte. Im Jahr 2030 werden es rund 38 sein. Die Relation wird also demografisch gesehen erkennbar ungünstiger, weil der starken Zunahme der Hochbetagten eine nur geringfügig wachsende Zahl der jüngeren Generation gegenübersteht. Berücksichtigt man, dass ein Großteil der Hilfe in Familien durch Frauen erfolgt, gleichzeitig aber die Erwerbstätigkeit von Frauen weiter zunehmen wird, dürfte das tatsächliche Potenzial sogar

noch geringer ausfallen, als es der Unterstützungskoeffizient rechnerisch abbildet.

Mit Blick auf die Karten wird deutlich, dass vor allem in den neuen Ländern die Generationen-Relation gegenwärtig noch vergleichsweise günstig ausfällt. Vor allem die Kreise im ländlichen, dünn besiedelten Nordosten gehören durchweg zur Gruppe mit den günstigsten Werten. Etwas anders gestaltet sich die Situation in Sachsen: Hier handelt es sich um Regionen, die schon zu DDR-Zeiten eine relativ „alte" Bevölkerung aufwiesen. Die zurückliegenden massiven demografischen Einschnitte Ostdeutschlands, nämlich der Geburteneinbruch nach der Wende und die Abwanderung jüngerer Menschen betreffen die hier

betrachteten Altersgruppen (noch) nicht. Dies wird sich in den kommenden zwei Jahrzehnten ändern. Zum einen nimmt die Zahl der Hochbetagten in Ostdeutschland überdurchschnittlich zu. Dies ist unter anderem auf die überproportional steigende Lebenserwartung zurückzuführen. Entscheidend ist aber, dass die Kindergeneration der 50- bis 65-Jährigen im Jahr 2030 durch Jahrgänge gebildet wird, die in hohem Maße vor allem in den 1990er Jahren als jüngere Erwachsene – häufig in den Westen – abgewandert waren. Dadurch stellen sich mit einer langen zeitlichen Verzögerung auch bei diesem Indikator räumliche Muster ein, die dann auf frühere Wanderungsprozesse zurückgeführt werden können.

Tabelle 7
Entwicklung der über 80-Jährigen

	2009	2030	Entwicklung der Zahl der Einwohner 80 Jahre und älter 2009 bis 2030 in %	Minimum 2009	Maximum 2009	Minimum 2030	Maximum 2030
Bund	**26,5**	**38,0**	**48,1**	**16,1**	**40,6**	**26,4**	**74,0**
West	**27,0**	**36,2**	**44,8**	**19,6**	**40,6**	**26,4**	**53,4**
Großstädte	28,9	35,6	29,0	24,4	36,6	27,4	47,5
Städtische Kreise	25,9	36,3	52,6	19,6	40,6	26,5	53,4
Ländliche Kreise mit Verdichtungsansätzen	26,6	36,1	49,6	19,9	38,8	26,4	53,2
Dünn besiedelte ländliche Kreise	27,8	37,4	44,1	21,7	36,4	28,3	49,0
Ost	**24,7**	**46,0**	**61,2**	**16,1**	**31,7**	**33,1**	**74,0**
Großstädte	25,0	43,7	68,4	22,5	31,7	37,7	71,2
Städtische Kreise	27,6	55,2	41,1	20,6	30,9	41,9	73,0
Ländliche Kreise mit Verdichtungsansätzen	25,3	48,2	54,6	18,0	30,2	33,1	74,0
Dünn besiedelte ländliche Kreise	23,1	45,1	65,2	16,1	30,6	33,5	63,1

Quelle: Laufende Raumbeobachtung des BBSR, Fortschreibung des Bevölkerungsstandes, Bevölkerungsprognose

Karte 10

Unterstützungskoeffizient: Über 80-Jährige je 100 50- bis unter 65-Jährige

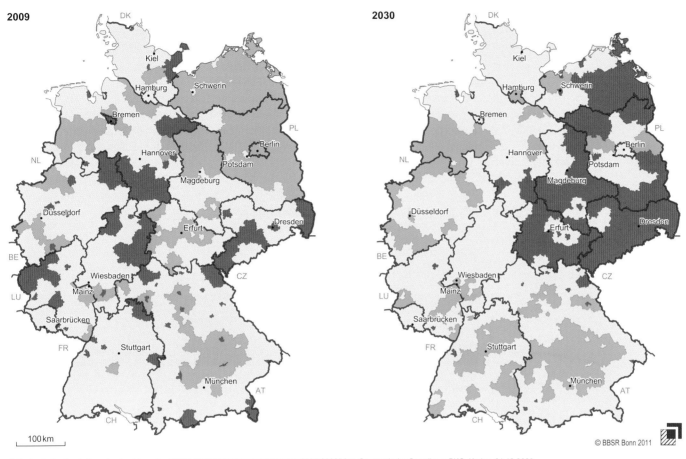

Datenbasis: Laufende Raumbeobachtung des BBSR, BBSR-Bevölkerungsprognose 2005-2030/bbw, Geometrische Grundlage: BKG, Kreise, 31.12.2009

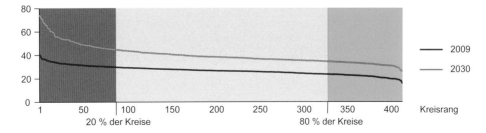

Rangfolge der Kreise (aufsteigend nach: über 80-Jährige je 100 50- bis unter 65-Jährige)

© BBSR Bonn 2011

1.7 Nachfolger gesucht – Kassen- und Vertragsärzte

■ Je älter die Menschen werden, desto stärker sind sie auf die Versorgung mit Haus- und Fachärzten angewiesen. Grundsätzlich sorgt die Kassenärztliche Bundesvereinigung dafür, dass es auch in den ländlichen Regionen genügend Ärzte gibt. Der sich abzeichnende Ärztemangel wird immer mehr zum öffentlichen Thema. Der durchschnittliche niedergelassene Arzt ist inzwischen 52 Jahre alt. Jeder Fünfte hat das sechzigste Lebensjahr bereits erreicht. Dem sich ankündigenden Versorgungsengpass steht eine – durch die demografische Entwicklung bedingte – sinkende Anzahl von Absolventen eines Medizinstudiums gegenüber. Hinzu kommt der Bevölkerungsschwund in den vielen ländlichen Regionen. Viele angehende Ärz-

te fragen sich: Findet mein Partner/meine Partnerin dort Arbeit? Gibt es Kindertagesstätten und Schulen in der Nähe? Wie sieht es mit Kultur- und Freizeitangeboten aus? In einer schwächer besiedelten Region müssen die verbleibenden Ärzte oft mehr Patienten versorgen und können seltener auf die Unterstützung von Kollegen und Fachärzten bauen. Eine hohe Verantwortung, die zu übernehmen besonders Berufsanfänger oft nicht bereit sind.

So weisen die kreisfreien Großstädte die höchste Arztdichte mit durchschnittlich 2,3 Ärzten je 1 000 Einwohner auf. Einige ländliche Regionen haben einen Versorgungsgrad von weniger als einem Arzt

pro 1 000 Einwohner. Abgesehen von leichten Verschiebungen ist die regionale Verteilung der 20 % am besten und 20 % am schlechtesten versorgten Kreise über die letzten zehn Jahre relativ konstant.

In den Großstädten und städtischen Kreisen lassen sich auch mehr Spezialisten nieder. Diese übernehmen teilweise auch die Funktion des Hausarztes. In den Zentren fallen daher nur noch knapp 40 % aller Kassen- und Vertragsärzte in die Kategorie Hausärzte, in dünn besiedelten ländlichen Kreisen sind es hingegen noch etwas mehr als 60 %.

Abbildung 6
Kassen- und Vertragsärzte

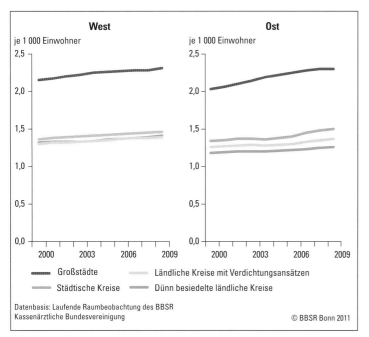

Datenbasis: Laufende Raumbeobachtung des BBSR
Kassenärztliche Bundesvereinigung

© BBSR Bonn 2011

Tabelle 8
Kassen- und Vertragsärzte

	Durchschnitt 2000 bis 2002	Bund = 100	Durchschnitt 2007 bis 2009	Bund = 100	Entwick-lung Zahl der Kassen- und Vertragsärzte 2000 bis 2009 in %	Minimum 2007 bis 2009	Maximum 2007 bis 2009
Bund	1,6	100,0	1,7	100,0	7,7	0,8	3,9
West	1,6	100,6	1,7	99,9	8,0	0,8	3,9
Kreisfreie Großstädte	2,2	139,1	2,3	137,9	9,3	1,4	3,9
Städtische Kreise	1,4	88,5	1,5	87,4	7,8	0,9	3,4
Ländliche Kreise mit Verdichtungsansätzen	1,3	84,6	1,4	83,5	7,1	0,8	3,7
Dünn besiedelte ländliche Kreise	1,3	84,6	1,4	83,9	5,5	0,9	3,1
Ost	1,5	97,4	1,7	100,5	6,5	0,9	2,5
Kreisfreie Großstädte	2,1	132,1	2,3	138,2	15,2	1,9	2,5
Städtische Kreise	1,4	87,2	1,5	89,1	0,6	1,2	2,2
Ländliche Kreise mit Verdichtungsansätzen	1,3	81,4	1,4	81,5	-0,7	0,9	2,4
Dünn besiedelte ländliche Kreise	1,2	76,3	1,2	75,2	-1,3	1,0	2,5

Quelle: Laufende Raumbeobachtung des BBSR, Kassenärztliche Bundesvereinigung

Karte 11
Kassen- und Vertragsärzte

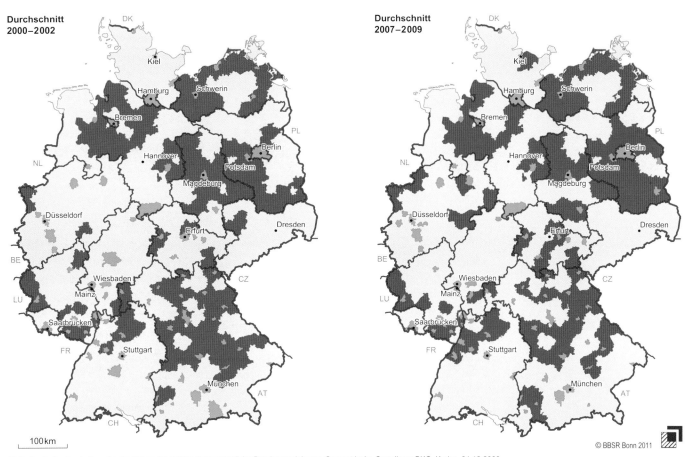

Durchschnitt
2000–2002

Durchschnitt
2007–2009

100 km

© BBSR Bonn 2011

Datenbasis: Laufende Raumbeobachtung des BBSR, Kassenärztliche Bundesvereinigung, Geometrische Grundlage: BKG, Kreise, 31.12.2009

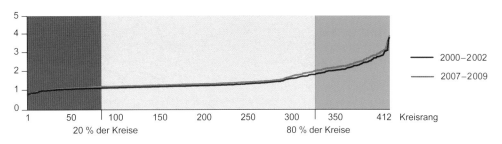

Rangfolge der Kreise
(aufsteigend nach:
Kassen- und Vertragsärzte
je 1 000 Einwohner)

—— 2000–2002

—— 2007–2009

20 % der Kreise   80 % der Kreise

Kreisrang

1.8 Krankenhäuser der Grundversorgung – noch gute Erreichbarkeit

■ Das nächste Krankenhaus schnell zu erreichen ist nicht selten lebenswichtig. Die flächendeckende stationäre medizinische Versorgung in Deutschland ist gut bis sehr gut. Gegenüber Untersuchungen zur Versorgungssituation im Jahre 2003 haben sich 2008 nur geringfügige Veränderungen ergeben. Denn trotz des Abbaus von Bettenkapazitäten sind nur selten Krankenhäuser geschlossen worden.

Legt man die notwendige Pkw-Fahrzeit zum nächstgelegenen Krankenhaus zugrunde, so erreichen 75 %

Abbildung 7
Durchschnittliche Pkw-Fahrzeit zum nächsten Krankenhaus der Grundversorgung 2008

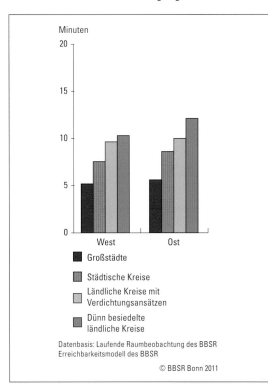

Minuten

West   Ost

■ Großstädte

▮ Städtische Kreise

▯ Ländliche Kreise mit Verdichtungsansätzen

▯ Dünn besiedelte ländliche Kreise

Datenbasis: Laufende Raumbeobachtung des BBSR
Erreichbarkeitsmodell des BBSR

© BBSR Bonn 2011

der Bewohner es innerhalb von 10 Minuten und fast 97,5 % innerhalb von 20 Minuten. Lediglich 2,5 % der Bevölkerung benötigen mehr als 20 Minuten zum nächsten Krankenhaus. Positiv wirken sich die starke Konzentration der Krankenhausstandorte auf die Bevölkerungsschwerpunkte sowie ihre Orientierung am Zentrale-Orte-System aus.

Am längsten ist die Fahrzeit zum nächsten Krankenhaus in den dünn besiedelten Räumen im Nordosten Deutschlands. Diese verfügen über vergleichsweise wenige Krankenhausstandorte. Da dort die Bevölkerungszahl weiter abnehmen wird, wird auch die Zahl der Krankenhausfälle sinken.

Die regional bedeutsamen Krankenhäuser würden im Falle einer Schließung vergleichsweise große unterversorgte Gebiete hinterlassen. Werden diese Ergebnisse mit der zu erwartenden Nachfrage verknüpft, dann ergeben sich besonders gefährdete Räume: Eine demografisch bedingte sinkende Nachfrage erzeugt Probleme der Tragfähigkeit, die Schließung von Standorten würde jedoch die Versorgungs- und Erreichbarkeitssituation hin zu möglicherweise nicht

mehr tolerierbaren Ausprägungen verschlechtern. Diese Konstellation gibt es in einzelnen Teilräumen, insbesondere im Norden der neuen Länder. Gerade solchen Krankenhausstandorten mit großen Einzugsräumen muss in Zukunft besondere Aufmerksamkeit gelten. Dagegen würde in den nachfrageschwachen Räumen im Süden Sachsen-Anhalts, in Sachsen und in Thüringen eine Schließung von Standorten erkennbar geringere Lücken in die Versorgungslandschaft schlagen.

Auch im Gesundheitssystem sind Standort- und Erreichbarkeitsfragen mit Fragen der Finanzierbarkeit und dadurch mit Belangen der Sozialversicherungen verknüpft. Die Gewährleistung der Daseinsvorsorge ist daher eine Aufgabe, die weit über die „technische" Standortplanung von Infrastruktureinrichtungen hinausgeht. Sie kann diese Fragen aber keinesfalls ignorieren.

Daher muss solchen Krankenhausstandorten mit großen Einzugsräumen in Zukunft eine besondere Aufmerksamkeit gelten.

Karte 12
Erreichbarkeit von Krankenhäusern

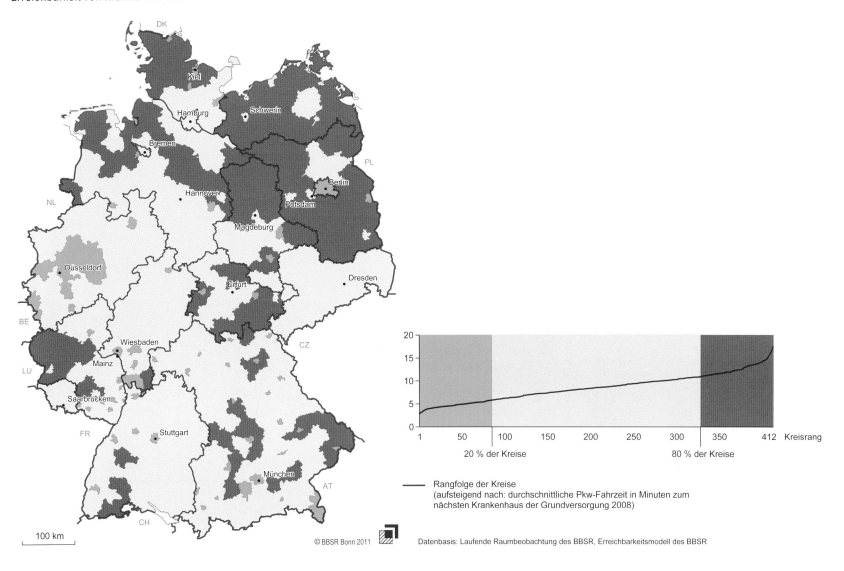

Rangfolge der Kreise
(aufsteigend nach: durchschnittliche Pkw-Fahrzeit in Minuten zum
nächsten Krankenhaus der Grundversorgung 2008)

© BBSR Bonn 2011

Datenbasis: Laufende Raumbeobachtung des BBSR, Erreichbarkeitsmodell des BBSR

1.9 Leerstehende Wohnungen hemmen Investitionen

■ Wohnungsleerstände sind ein Indiz für demografische und strukturelle Probleme in Stadtteilen oder Städten. Vor allem Regionen mit Bevölkerungs- und Haushaltsrückgängen sowie wirtschaftlichen Schwächen sind von Wohnungsleerständen betroffen. Leerstandsquoten von bis zu 3 % sind unproblematisch, da dieser Umfang als Fluktuationsreserve für Umzüge oder Baumaßnahmen notwendig ist. Liegen Wohnungsleerstände deutlich darüber, besteht Handlungsbedarf, um den negativen Folgen für das Wohnumfeld, das Stadtbild, die Infrastrukturversorgung und die Gebäudesubstanz entgegen zu wirken. Für Immobilieneigentümer bedeuten Leerstände ein

erhebliches finanzielles Problem. Instandhaltungs- und Modernisierungsleistungen lassen sich dann nur noch schwer realisieren. Verbreitete Leerstände können zu sinkenden Wohnungsmieten und Immobilienpreisen führen und somit die Marktsituation für die Anbieter verschlechtern.

Schwerpunkte von Wohnungsleerständen sind in Ostdeutschland, zunehmend aber auch in strukturschwachen westdeutschen Regionen wie dem Saarland, Teilen Niedersachsens, Nordrhein-Westfalens, Nord- und Ostbayerns zu finden. Die hohen Wohnungsleerstände in den neuen Ländern verringerten

sich deutlich durch die Inanspruchnahme des Bund-Länder-Förderprogramms Stadtumbau Ost. Bis Ende 2010 wurden bereits knapp 275 000 Wohnungen rückgebaut. Bis 2016 ist ein weiterer Rückbau von bis zu 250 000 Wohnungen geplant.

Wohnungsneubau findet auch in Regionen mit hohen Leerständen statt, wenn das vorhandene Wohnungsangebot in Struktur oder Qualität nicht mehr den Wohnvorstellungen entspricht. Diese Wohnungsnachfrage ist wiederum von Auswirkungen des demografischen Wandels wie Alterung und Zunahme kleinerer Haushalte geprägt.

Abbildung 8
Wohnungsleerstände in Mehrfamilienhäusern 2009

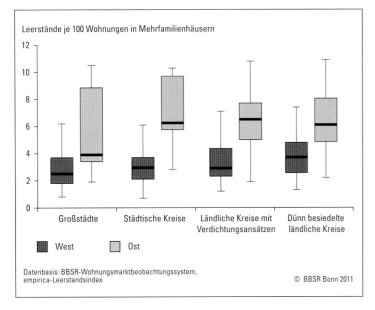

Leerstände je 100 Wohnungen in Mehrfamilienhäusern

■ West ■ Ost

Datenbasis: BBSR-Wohnungsmarktbeobachtungssystem,
empirica-Leerstandsindex   © BBSR Bonn 2011

Tabelle 9
Wohnungsleerstände in Mehrfamilienhäusern 2005 und 2009

	Leerstehende Wohnungen in Mehrfamilienhäusern je 100 Wohnungen in Mehrfamilienhäusern					
	2005	Index 2005 Bund = 100	2009	Index 2009 Bund = 100	Minimum 2009	Maximum 2009
Bund	3,9	100,0	3,7	100	0,7	11,3
West	2,5	65,2	2,9	79,0	0,7	11,3
Großstädte	2,5	64,2	2,7	71,2	0,8	11,3
Städtische Kreise	2,4	61,6	3,0	79,8	0,7	10
Ländliche Kreise mit Verdichtungsansätzen	2,8	72,2	3,7	98,1	1,2	11,2
Dünn besiedelte ländliche Kreise	3,3	84,0	3,7	100,5	1,3	8,8
Ost	7,4	191,0	5,8	155,4	1,9	10,9
Großstädte	6,7	171,6	4,8	128,2	1,9	10,5
Städtische Kreise	7,6	196,9	7,6	204,0	2,8	10,3
Ländliche Kreise mit Verdichtungsansätzen	8,6	220,9	6,6	178,5	1,9	10,8
Dünn besiedelte ländliche Kreise	8,2	210,1	6,7	180,4	2,2	10,9

Quelle: BBSR-Wohnungsmarktbeobachtungssystem, empirica-Leerstandsindex

Karte 13
Wohnungsleerstände in Mehrfamilienhäusern

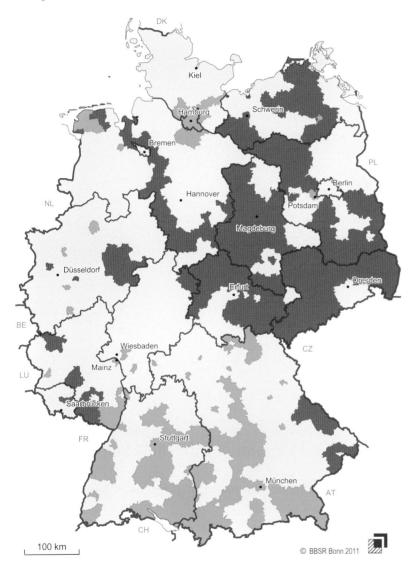

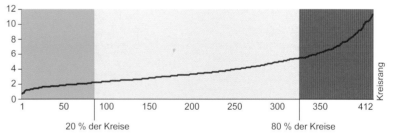

20 % der Kreise   80 % der Kreise

—— Rangfolge der Kreise
(aufsteigend nach: Leerstände von Wohnungen in Mehrfamilienhäusern
je 100 Wohnungen in Mehrfamilienhäusern 2009)

Datenbasis: BBSR-Wohnungsmarktbeobachtungssystem, empirica-Leerstandsindex
Geometrische Grundlage: BKG, Kreise, 31.12.2009

100 km

© BBSR Bonn 2011

2 Orte mit schwierigen persönlichen Lebenslagen

2 Orte mit schwierigen persönlichen Lebenslagen

■ Es gibt kein Leben ohne Risiko. Von Kindesbeinen bis ins hohe Alter müssen Risiken umschifft, gemeistert oder einfach angenommen werden. Neben Krankheit besteht eines der größten persönlichen Lebensrisiken darin, dauerhaft arbeitslos zu werden.

Selbst wer einmal den Weg in die Arbeitswelt gefunden hat, hat heute keine Garantie mehr für lebenslange Beschäftigung und einen finanziell gesicherten Lebensabend. Allzu oft geht eine dauerhafte Arbeitslosigkeit mit sozialem Abstieg einher. Die Weichen für ein mit hohen Risiken belastetes Leben werden nicht selten schon in frühen Lebensjahren gestellt. Durch unterbrochene Erwerbsbiografien steigt zudem das Risiko der Altersarmut. Regional betrachtet sind es in erster Linie die Großstädte in Ost wie West, die unter diesen ungünstigen Entwicklungen leiden.

Nicht nur diejenigen, die aus dem Arbeitsmarkt dauerhaft ausgeschlossen sind, tragen ein hohes persönliches Lebensrisiko, sondern auch jene, die in jungen Jahren den Weg in den Arbeitsmarkt suchen.

Wer die Schule ohne Hauptschulabschluss verlässt, hat auf dem Arbeitsmarkt kaum eine Chance. In der folgenden Familienphase ist Kinderarmut keine Seltenheit. Wenn Jugendliche Kinder bekommen, also die Mütter bei der ersten Geburt deutlich unter 20 Jahre alt sind, kann dies eine schwierige Bürde für den Lebensweg sein – sowohl für die Mutter als auch für das Kind. Nicht wenige sprechen mittlerweile vom Vererbungsrisiko „Armut". In der Hoffnung auf bessere Zeiten scheint der Weg in die Verschuldung kurzfristig eine Lösung zu sein. Bleibt die Besserung aus, bleibt die Verschuldung. Natürlich gelten diese Ursache-Wirkungs-Ketten nicht immer und für jeden. Dennoch: Viele Menschen mit hohen persönlichen Risiken finden sich in der Gruppe der sogenannten „Bedarfsgemeinschaften" wieder – im ersten Halbjahr 2011 waren das 6,5 Mio. Menschen, d. h. 8 % der bundesdeutschen Bevölkerung. Politik muss dann handeln, wenn die beschriebenen Phänomene sich nicht nur räumlich bündeln, sondern über die Zeit auch zu verfestigen drohen. Schließlich gehört die Chancengerechtigkeit zu den Eckpfeilern einer stabilen Demo-

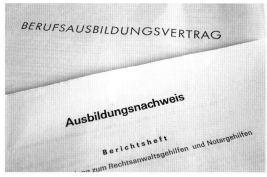

Ohne Berufsausbildung gibt es so gut wie keine Chance auf eine feste Stelle – Armut programmiert.
(Foto: © Claudia Hautumm/pixelio.de)

kratie und offenen Gesellschaft. Auch wenn die individuellen Begabungen unterschiedlich verteilt sind, hat jeder Mensch das Recht, in Zeiten des Wandels in Wirtschaft und Gesellschaft nach seinen Fähigkeiten gefördert zu werden.

2.1 Chancengerechtigkeit braucht frühkindliche Förderung

■ Zur Chancengerechtigkeit gehören eine gute Erziehung, Kinderbetreuung und frühkindliche Förderung. Im Kindergarten erlernt der Nachwuchs soziale Regeln. Und auch für Sprachförderung und Integration sind die Einrichtungen wichtig. Es ist nicht selbstverständlich, dass ein Kind die für sein Alter angemessene Sprachkompetenz besitzt. Viele Kinder, gerade in benachteiligten Sozialräumen, haben hier Schwächen – eine schwere Bürde für die weitere Entwicklung.

Kinder über drei Jahre haben seit 1996 einen Rechtsanspruch auf einen Betreuungsplatz in einer Kinder-

tageseinrichtung oder in der Kindertagespflege, ab dem Jahr 2013 gilt dies auch für Kinder von ein bis drei Jahre. Die bedarfsgerechte Bereitstellung von Krippen- und Ganztagsbetreuungsplätzen für Kinder unter 14 Jahre ist nicht nur ein Instrument der Sozial- und Integrationspolitik. Sie hilft auch, dem drohenden Arbeitskräftemangel aufgrund des demografischen Wandels entgegenzuwirken. Ein ausreichendes Betreuungsangebot ist Voraussetzung, Beruf und Kindererziehung zu verbinden.

Während die Quote der Drei- bis Sechsjährigen in der öffentlich geförderten Kindertagesbetreuung im

Bundesdurchschnitt über 90 % liegt, können nur 20 % der unter Dreijährigen betreut werden. Dabei liegt die Betreuungsquote im Osten über 40 %. Im Westen hat noch nicht einmal jedes siebte Kind unter drei Jahre einen Betreuungsplatz. Hier haben die Kinder in den kreisfreien Großstädten die größten Chancen auf einen Betreuungsplatz. In 20 % der Kreise liegt die Betreuungsquote nur bei etwa 10 %. Ganztagseinrichtungen für Kinder unter 14 Jahre sind auch noch sehr gering. Im Bundesdurchschnitt liegt die Betreuungsquote unter 20 %. Die regionale Differenzierung weist ähnliche Strukturen und ähnliche Niveaus auf wie die Kleinkindbetreuung. 20 % der Kreise erreichen sogar nur eine Betreuungsquote von 8 %. Der Ausbau der öffentlich geförderten Kinderbetreuung ist somit noch lange nicht abgeschlossen.

Abbildung 9
Kindertagesbetreuung 2009

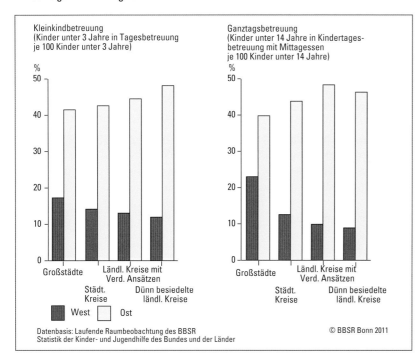

Datenbasis: Laufende Raumbeobachtung des BBSR
Statistik der Kinder- und Jugendhilfe des Bundes und der Länder

© BBSR Bonn 2011

Tabelle 10
Kindertagesbetreuung 2009

	Kinder unter 3 Jahre in Kindertagesbetreuung je 100 Kinder unter 3 Jahre insgesamt			Kinder unter 14 Jahre in Kindertagesbetreuung mit Mittagessen je 100 Kinder unter 14 Jahre insgesamt		
	Mittel	**Minimum**	**Maximum**	**Mittel**	**Minimum**	**Maximum**
Bund	**20,4**	**3,7**	**61,9**	**19,4**	**0,8**	**63,4**
West	**14,7**	**3,7**	**34,6**	**14,3**	**0,8**	**35,4**
Kreisfreie Großstädte	17,3	7,0	34,6	23,0	10,0	35,4
Städtische Kreise	14,2	6,5	29,6	12,6	2,7	28,4
Ländliche Kreise mit Verdichtungsansätzen	13,1	3,7	28,7	9,9	2,1	26,1
Dünn besiedelte ländliche Kreise	12,0	5,4	23,4	8,9	0,8	22,3
Ost	**44,2**	**31,6**	**61,9**	**44,1**	**30,8**	**63,4**
Kreisfreie Großstädte	41,5	35,2	52,1	39,8	30,8	59,9
Städtische Kreise	42,6	32,2	55,2	43,8	34,9	50,5
Ländliche Kreise mit Verdichtungsansätzen	44,5	31,6	60,1	48,3	31,9	63,4
Dünn besiedelte ländliche Kreise	48,1	35,6	61,9	46,3	32,7	59,2

Quelle: Laufende Raumbeobachtung des BBSR, Statistik der Kindertagesbetreuung des Bundes und der Länder

Karte 14
Kindertagesbetreuung

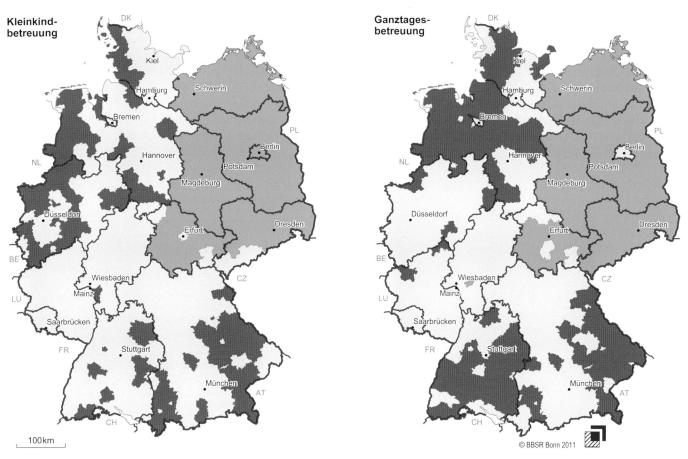

Datenbasis: Laufende Raumbeobachtung des BBSR, Statistik der Kinder und tätigen Personen in Tageseinrichtungen des Bundes und der Länder, Geometrische Grundlage: BKG, Kreise, 31.12.2009

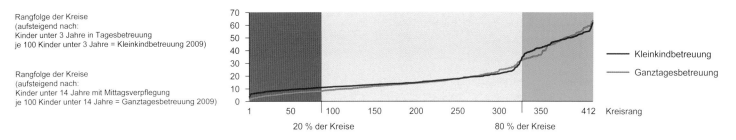

Rangfolge der Kreise
(aufsteigend nach:
Kinder unter 3 Jahre in Tagesbetreuung
je 100 Kinder unter 3 Jahre = Kleinkindbetreuung 2009)

Rangfolge der Kreise
(aufsteigend nach:
Kinder unter 14 Jahre mit Mittagsverpflegung
je 100 Kinder unter 14 Jahre = Ganztagsbetreuung 2009)

2.2 Armut im Kindesalter

■ Nicht selten werden die Weichen für ein erfolgreiches Leben im Kindesalter gestellt. Wenn Kinder in Armut leben müssen, haben sie diese Situation weder verschuldet, noch können sie sich daraus eigenständig befreien. Ihre Lebenssituation bietet ihnen schlechtere Zukunftschancen. Im Erwachsenenalter sind sie öfter erwerbslos oder stärker krankheitsgefährdet. Nicht alle in Armut lebenden Kinder sind gleichermaßen betroffen. So bescheinigt eine im Mai 2008 veröffentlichte UNICEF-Studie Kindern Alleinerziehender ein besonders hohes Armutsrisiko in Deutschland. Doch nicht nur Kinder aus Ein-Eltern-Familien, sondern auch aus Familien mit ausländischer Herkunft oder aus Familien mit vielen Kindern sind der Studie zufolge besonders von Armut bedroht.

Armut wird mit verschiedenen Methoden gemessen. Da es hier um einen innerdeutschen Vergleich geht, werden die Kinder und Jugendlichen bis unter 15 Jahre ausgewiesen, die auf Sozialleistungen nach Sozialgesetzbuch II (SGB II) angewiesen sind. Im September 2010 waren dies rund 1,7 Mio., im September 2011 noch 1,64 Mio. Kinder und Jugendliche. Im Durchschnitt der Jahre 2007 bis 2009 entspricht dies 16,2 % der Bevölkerung unter 15 Jahre. Kinder von Alleinerziehenden gehören besonders häufig zu der Gruppe der nicht erwerbsfähigen Hilfebedürftigen in Bedarfsgemeinschaften unter 15 Jahre, so eine Untersuchung des Statistischen Bundesamtes vom Sommer 2011.

Im Kreisvergleich bewegen sich diese Kinderarmuts- quoten zwischen 2,7 und 40,2 %. In 25 Kreisen und kreisfreien Städten leben mehr als ein Drittel von Sozialleistungen. Kinderarmut in dieser Definition betrifft vor allem die ostdeutschen Bundesländer Mecklenburg-Vorpommern und Sachsen-Anhalt sowie Großstädte – allen voran die Stadtstaaten Berlin und Bremen sowie Teile des Ruhrgebiets. Wirtschaftliche Stärke scheint ein gutes Instrument gegen Kinderarmut zu sein. Wirtschaftlich geht es Kindern in der Mehrzahl der Landkreise Bayerns und Baden-Württembergs am besten.

Abbildung 10
Armut im Kindesalter im Durchschnitt der Jahre 2008 bis 2009

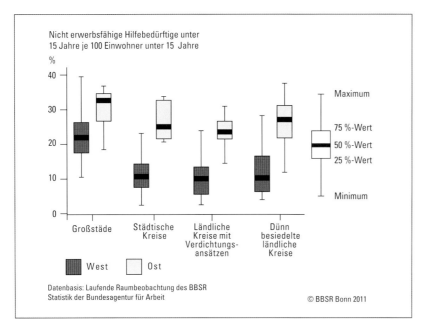

Tabelle 11
Armut im Kindesalter im Durchschnitt der Jahre 2008 bis 2009

	Nicht erwerbsfähige Hilfebedürftige unter 15 Jahre je 100 Einwohner unter 15 Jahre			
	Durchschnitt 2008 bis 2009	Bund = 100	Minimum 2008 bis 2009	Maximum 2008 bis 2009
Bund	**16,3**	**100,0**	**2,4**	**39,5**
West	**13,9**	**85,5**	**2,4**	**39,5**
Kreisfreie Großstädte	22,5	138,2	10,53	39,5
Städtische Kreise	11,7	71,7	2,4	30,3
Ländliche Kreise mit Verdichtungsansätzen	9,8	60,0	2,49	31,2
Dünn besiedelte ländliche Kreise	10,9	66,5	4,02	28,3
Ost	**28,3**	**173,3**	**11,91**	**39,1**
Kreisfreie Großstädte	33,7	206,7	18,46	36,8
Städtische Kreise	25,2	154,5	20,64	33,8
Ländliche Kreise mit Verdichtungsansätzen	23,7	145,1	12,71	39,1
Dünn besiedelte ländliche Kreise	25,9	158,7	11,91	37,6

Quelle: Laufende Raumbeobachtung des BBSR, Statistik der Bundesagentur für Arbeit

Karte 15
Kinderarmut

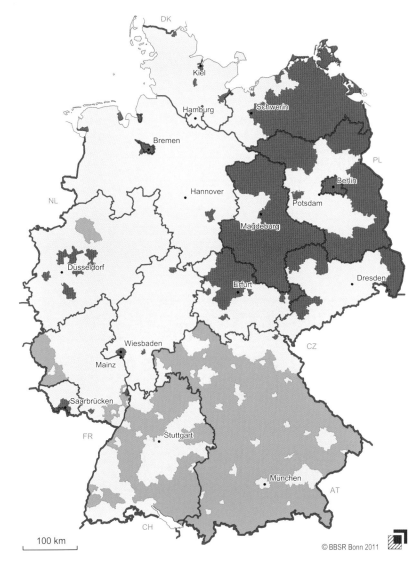

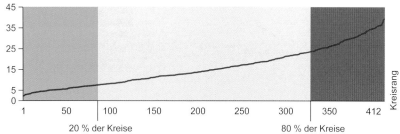

——— Rangfolge der Kreise
(aufsteigend nach: nicht erwerbsfähige Hilfebedürftige
unter 15 Jahre je 100 Einwohner unter 15 Jahre im Mittel 2008–2009)

Datenbasis: Laufende Raumbeobachtung des BBSR,
Statistik der Grundsicherung für Arbeitsuchende der Bundesagentur für Arbeit
Geometrische Grundlage: BKG, Kreise, 31.12.2009

2.3 Ohne Hauptschulabschluss kaum eine Chance

■ Wer die Grundlagen für eine gesicherte Zukunft schaffen will, braucht einen Schulabschluss. Der Hauptschulabschluss gilt als Mindestvoraussetzung für eine berufliche Ausbildung oder für den Besuch einer weiterbildenden Schule. Fehlt er, wird das Leben schwierig. Im Jahr 2009 haben rund 60 000 Jugendliche und junge Erwachsene die allgemeinbildenden Schulen in Deutschland ohne einen Hauptschulabschluss verlassen, wurden also nicht von der neunten in die zehnte Klasse versetzt. Das entspricht einem Anteil von 6,6 % aller Schulabgänger. Deutlich mehr junge Männer als junge Frauen verlassen die Schule ohne einen Abschluss. Über einen Zehn-Jahres-Zeitraum betrachtet, teilen rund 900 000 Jugendliche dieses Negativprädikat.

Die gute Nachricht ist, dass dieses Bildungsproblem national wie europäisch lange erkannt ist. Die europäische Kommission hat mit Beginn des Jahres 2011 einem Aktionsplan zugestimmt, mit dem die Mitgliedstaaten darin unterstützt werden sollen, die Schulabbrecherquote von EU-weit derzeit 14,4 % auf unter 10 % bis zum Ende des Jahrzehnts zu senken.

Deutschland ist auf einem guten Weg. Dennoch gibt es keinen Grund zur Entwarnung. In Ostdeutschland ist der Anteil der Schulabbrecher höher als in Westdeutschland. Diese Ergebnisse führen nicht selten zu einer Diskussion um eine föderal differenzierte Bildungspolitik, Schulformen, Unterrichtsstile oder die Abhängigkeit der Schulleistungen von Geschlecht und familiärem Hintergrund.

Im Kreisvergleich liegen die Schulabbruchquoten im Durchschnitt der Jahre 2007 bis 2009 zwischen 3,4 und 14,3 % – in 30 Kreisen und kreisfreien Städten betragen sie mehr als 10 % und liegen damit oberhalb der europäischen Zielmarke.

Abbildung 11
Kinderarmut und Schulabbrecher im Mittel der Jahre 2007 bis 2009

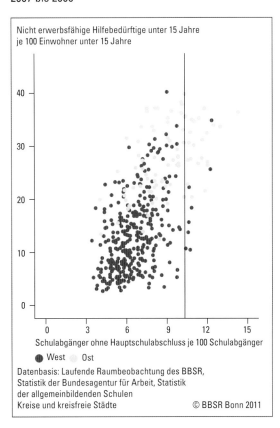

Nicht erwerbsfähige Hilfebedürftige unter 15 Jahre je 100 Einwohner unter 15 Jahre

Schulabgänger ohne Hauptschulabschluss je 100 Schulabgänger

● West   ○ Ost

Datenbasis: Laufende Raumbeobachtung des BBSR,
Statistik der Bundesagentur für Arbeit, Statistik
der allgemeinbildenden Schulen
Kreise und kreisfreie Städte   © BBSR Bonn 2011

Tabelle 12
Schulabgänger ohne Haupschulabschluss

	Schulabgänger ohne Hauptschulabschluss je 100 Schulabgänger					
	Durchschnitt 1998 bis 2000	Bund = 100	Durchschnitt 2007 bis 2009	Bund = 100	Minimum 2007 bis 2009	Maximum 2007 bis 2009
Bund	9,1	100,0	7,0	100,0	3,4	14,3
West	8,4	91,4	6,6	93,9	3,4	12,3
Kreisfreie Großstädte	8,7	95,1	7,5	106,7	3,4	12,3
Städtische Kreise	7,7	84,0	6,0	86,2	3,8	10,0
Ländliche Kreise mit Verdichtungsansätzen	8,9	97,7	6,6	94,7	3,8	10,6
Dünn besiedelte ländliche Kreise	9,55	104,5	6,81	97,1	3,6	10,7
Ost	11,4	124,7	9,1	129,8	4,1	14,3
Kreisfreie Großstädte	12,0	131,1	9,2	130,7	4,1	11,0
Städtische Kreise	11,8	128,8	7,7	110,4	5,9	10,2
Ländliche Kreise mit Verdichtungsansätzen	11,5	126,1	8,6	122,3	4,1	14,3
Dünn besiedelte ländliche Kreise	10,8	118,4	9,6	136,4	5,9	13,0

Quelle: Laufende Raumbeobachtung des BBSR, Statistik der allgemeinbildenden Schulen

Karte 16

Schulabgänger ohne Hauptschulabschluss

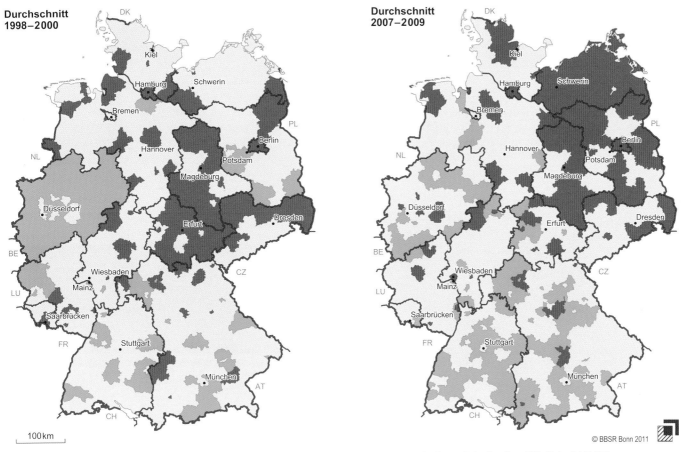

Durchschnitt
1998–2000

Durchschnitt
2007–2009

100 km

© BBSR Bonn 2011

Datenbasis: Laufende Raumbeobachtung des BBSR, Statistik der allgemeinbildenden Schulen des Bundes und der Länder, Geometrische Grundlage: BKG, Kreise, 31.12.2009

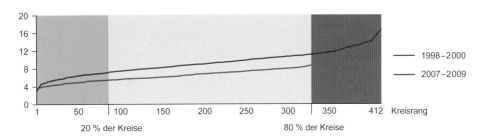

Rangfolge der Kreise
(aufsteigend nach:
Schulabgänger ohne
Hauptschulabschluss je 100
Schulabgänger)

—— 1998–2000

—— 2007–2009

20 % der Kreise　　　80 % der Kreise

2.4 Ausbildungsplätze – Beruf im Blick

■ Ist der Schulabschluss geschafft, suchen viele Jugendliche den direkten Einstieg in die Berufswelt. Eintrittstor ist eine Ausbildung im dualen Ausbildungssystem. Wie gut oder quantitativ ausreichend zeigt sich der regionale Ausbildungsmarkt, um allen Bewerberinnen und Bewerbern einen betrieblichen Ausbildungsplatz zu gewährleisten? Ob der erhaltene Platz auch dem Wunschberuf genügt, kann nicht aus den Statistiken erschlossen werden. Der Ausbildungsmarkt sollte aber genügend Alternativen bieten, damit der Übergang in den Beruf gelingt.

Eine Quote an Ausbildungsplätzen je Bewerber von 100 % und mehr weist auf ein gutes Angebot hin, bei einer Quote von unter 100 % fehlen Ausbildungsplätze für die Bewerber. Anders als die schulische und universitäre Berufsausbildung unterliegt die betriebliche Ausbildung den Arbeitsmarktbedingungen und ist wie diese von konjunkturellen Auf- und Abschwüngen betroffen, was in der Zeitreihengrafik deutlich wird.

Zudem beeinflussen demografische Faktoren und die regionale Betriebsstruktur das regionale Ausbildungsplatzangebot. Süddeutschland hat mit seinen wirtschaftsstarken Branchen einen lebendigen Ausbildungsmarkt mit Überangeboten. Die weiträumigen Engpässe auf dem ostdeutschen Ausbildungsstellenmarkt Ende der 1990er Jahre haben sich nicht zuletzt durch den demografischen Wandel entschärft. Dennoch gibt es immer noch Regionen in Ost- und Westdeutschland, die nicht genügend Ausbildungsplätze anbieten.

Abbildung 12
Betriebliche Ausbildungsplätze je 100 Bewerber

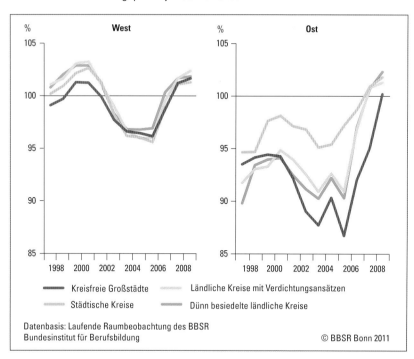

Datenbasis: Laufende Raumbeobachtung des BBSR
Bundesinstitut für Berufsbildung

© BBSR Bonn 2011

Tabelle 13
Betriebliche Ausbildungsplätze

	Betriebliche Ausbildungsplätze je 100 Bewerber						
	Durch-schnitt 1998 bis 2000	Bund = 100	Durch-schnitt 2007 bis 2009	Bund = 100	Entwick-lung Zahl der Ausbil-dungs-plätze in % 2000 bis 2009	Minimum 2007 bis 2009	Maximum 2007 bis 2009
Bund	**99,2**	**100,0**	**100,2**	**100,0**	**-13,0**	**89,0**	**109,9**
West	**101,0**	**101,9**	**100,6**	**100,5**	**-5,2**	**91,6**	**109,9**
Kreisfreie Großstädte	100,0	100,9	100,5	100,3	-5,0	91,6	109,9
Städtische Kreise	101,1	101,9	100,4	100,2	-6,1	93,1	109,9
Ländliche Kreise mit Verdichtungs-ansätzen	101,9	102,8	101,2	101,0	-3,3	95,8	107,1
Dünn besiedelte ländliche Kreise	101,9	102,7	101,3	101,1	-4,4	96,4	107,1
Ost	**93,3**	**94,0**	**98,0**	**97,9**	**-41,3**	**89,0**	**107,6**
Kreisfreie Großstädte	94,0	94,8	94,5	94,4	-64,0	89,0	100,8
Städtische Kreise	95,6	96,4	100,3	100,2	-32,0	99,0	100,9
Ländliche Kreise mit Verdichtungs-ansätzen	92,7	93,5	99,5	99,3	-32,3	92,7	102,2
Dünn besiedelte ländliche Kreise	92,3	93,1	99,8	99,6	-27,3	92,7	107,6

Quelle: Laufende Raumbeobachtung des BBSR, Bundesinstitut für Berufsbildung

Karte 17
Angebot an betrieblichen Ausbildungsplätzen

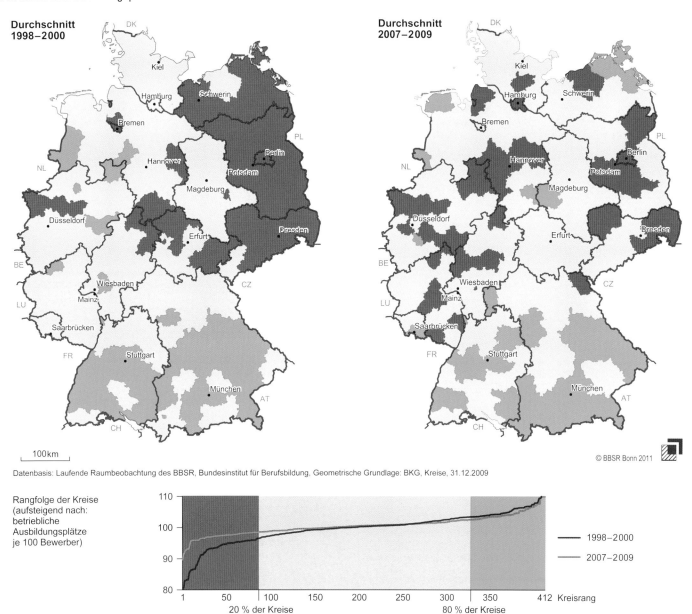

Durchschnitt
1998–2000

Durchschnitt
2007–2009

100km

© BBSR Bonn 2011

Datenbasis: Laufende Raumbeobachtung des BBSR, Bundesinstitut für Berufsbildung, Geometrische Grundlage: BKG, Kreise, 31.12.2009

Rangfolge der Kreise
(aufsteigend nach:
betriebliche
Ausbildungsplätze
je 100 Bewerber)

—— 1998–2000

—— 2007–2009

20 % der Kreise   80 % der Kreise   Kreisrang

2.5 Teenager-Mütter – wenn Jugendliche Kinder bekommen

■ Wenn Minderjährige Kinder bekommen, brauchen Mutter und Kind besondere Unterstützung. Denn junge Frauen bzw. Paare im Alter zwischen 15 bis unter 20 Jahre schaffen in dieser Lebensphase überhaupt erst die Basis für ihr Erwachsenenleben und müssen selbst Entscheidungen über ihren weiteren Lebensweg treffen.

Dem gesamtdeutschen Trend folgend nimmt die Zahl der Geborenen von unter 20-Jährigen seit 2002 stetig ab, auch wenn 2010 wieder ein leichter Anstieg zu beobachten war. Zwischen 1998 und 2009 sind 290 000 Kinder von Frauen unter 20 Jahre geboren worden. Unter der Annahme, dass Teenager-Mütter nur ein Kind in dieser Phase zur Welt bringen, haben im Durchschnitt der Jahre 2007 bis 2009 rund 10 von 1 000 jungen Frauen im Alter zwischen 15 und unter 20 Jahre ein Kind geboren.

Große West-Ost-Gegensätze prägen hier das Bild. Sinkende Tendenzen im Westen, steigende im Osten. So hat der Anteil der Teenager-Mütter vor allem außerhalb der ostdeutschen Großstädte stark zugenommen. Während in den dünn besiedelten ländlichen Kreisen Ostdeutschlands 1998 noch 9 von 1 000 jungen Frauen Mutter wurden, waren es 2009 schon 18 von 1 000 Frauen. Die ländlichen Kreise haben damit die Großstädte in Ostdeutschland überholt.

Abbildung 13
Geborene von unter 20-Jährigen

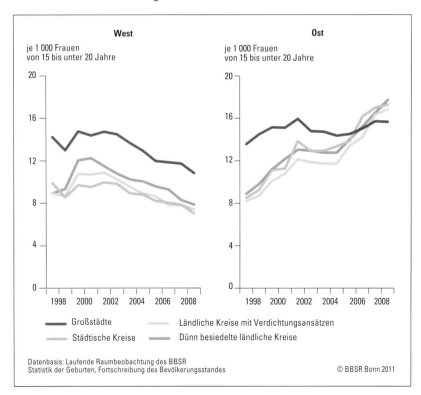

Tabelle 14
Geborene von unter 20-Jährigen

	Geborene von Müttern unter 20 Jahre je 1 000 Frauen von 15 bis unter 20 Jahre					
	Durch-schnitt 1998 bis 2000	Bund = 100	Durch-schnitt 2007 bis 2009	Bund = 100	Minimum 2007 bis 2009	Maximum 2007 bis 2009
Bund	**10,7**	**100,0**	**9,8**	**100,0**	**2,7**	**28,6**
West	**10,5**	**98,1**	**8,6**	**87,8**	**2,7**	**28,6**
Kreisfreie Großstädte	14,0	130,7	11,5	116,9	5,9	20,8
Städtische Kreise	9,4	87,5	7,6	77,9	2,7	17,5
Ländliche Kreise mit Verdichtungsansätzen	9,4	88,2	7,7	78,4	3,1	28,6
Dünn besiedelte ländliche Kreise	10,1	94,3	8,5	86,4	3,7	17,3
Ost	**11**	**102,8**	**15,9**	**162,2**	**6,8**	**24,6**
Kreisfreie Großstädte	14,4	134,5	15,5	157,8	10,4	22,1
Städtische Kreise	9,6	89,9	16,8	171,6	14,0	22,3
Ländliche Kreise mit Verdichtungsansätzen	9,0	84,1	15,8	161,3	10,0	23,3
Dünn besiedelte ländliche Kreise	10,0	93,1	16,5	168,3	6,8	24,6

Quelle: Laufende Raumbeobachtung des BBSR, Statistik der Geburten, Fortschreibung des Bevölkerungsstandes

Karte 18

Geborene von unter 20-jährigen

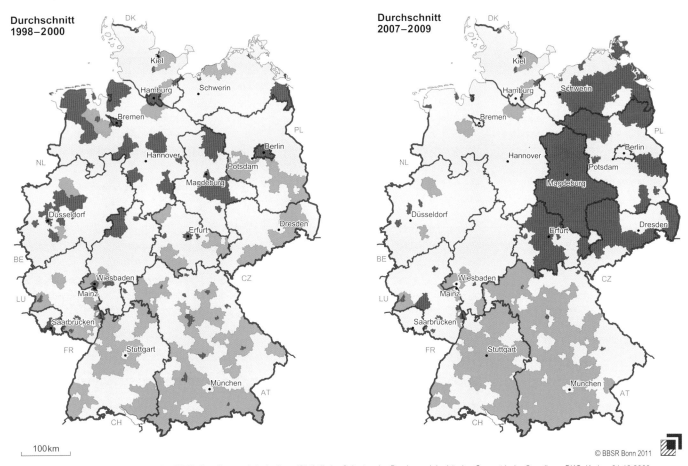

Durchschnitt
1998–2000

Durchschnitt
2007–2009

100km

© BBSR Bonn 2011

Datenbasis: Laufende Raumbeobachtung des BBSR, Bevölkerungsfortschreibung/Statistik der Geburten des Bundes und der Länder, Geometrische Grundlage: BKG, Kreise, 31.12.2009

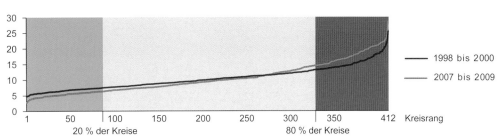

Rangfolge der Kreise
(aufsteigend nach:
Geborene von Müttern
unter 20 Jahre je 1 000 Frauen
im Alter von 15 bis
unter 20 Jahre)

1998 bis 2000

2007 bis 2009

2.6 Private Schuldner – Überschuldung schränkt Teilhabe ein

■ Sowohl öffentliche als auch viele private Haushalte haben ein Problem: eine zu hohe Verschuldung. Zwei Billionen Euro öffentliche Schulden 2010 und 6,5 Mio. überschuldete Personen sprechen eine klare Sprache. Private Überschuldung bedeutet: Schuldner können die Summe ihrer fälligen Zahlungsverpflichtungen nicht begleichen. Es gibt keine Möglichkeit, den Lebensunterhalt aus Vermögen oder weiteren Krediten zu bestreiten. In die Berechnung der Schuldnerquoten gehen Personen ein, die mit so genannten Negativmerkmalen versehen sind. Dazu zählen das

Vorliegen einer Privatinsolvenz, eine eidesstattliche Versicherung mit Offenlegung der finanziellen Verhältnisse, unstrittige Inkassofälle oder nachhaltige Zahlungsstörungen, z.B. durch mehrfaches Nichtreagieren auf Mahnungen. Bei dem Unternehmen Creditreform werden diese Angaben zusammengetragen und ausgewertet.

Im Vergleich zu 2007 war die Zahl überschuldeter Personen 2010 rückläufig. Auf der einen Seite kann gesellschaftspolitisch nicht toleriert werden, dass zahlreiche Menschen ständig über ihre Verhältnisse leben. Auf der anderen Seite muss Hilfe zur Selbsthilfe organisiert sein. Denn die aus Überschuldung erwachsenen Folgen trägt die Allgemeinheit. Auch wenn an dieser Stelle keine detaillierte Ursachenforschung betrieben werden kann, fällt der räumliche Zusammenhang zwischen den Personen in Bedarfsgemeinschaften je 1 000 Einwohner als Konsequenz

lang andauernder Arbeitslosigkeit und der Schuldnerquote vor allem in West- und abgeschwächt auch in Ostdeutschland ins Auge. Bestätigt wird dieser Zusammenhang u. a. durch den Überschuldungsreport 2011 des Hamburger Instituts für Finanzdienstleistungen. Danach begründet rund jeder Dritte den Weg in die Überschuldung mit dem Verlust des Arbeitsplatzes. Weiter genannt werden Scheidungen oder Trennungen sowie schwere Krankheiten.

In der räumlichen Verteilung überschuldeter Personen zeigt sich ein relativ eindeutiges regionales Muster. Die Schuldnerquoten in den süddeutschen Kreisen, insbesondere in Bayern, sind sehr niedrig, während sie im Ruhrgebiet und entlang der Rheinschiene (Köln, Düsseldorf) sowie in weiten Teilen Sachsen-Anhalts vergleichsweise hoch sind. Das räumliche Muster ist im Zeitvergleich stabil. In Großstädten ist die Schuldnerquote tendenziell höher als in den ländlichen Kreisen.

Abbildung 14
Arbeitslosigkeit und private Schulden

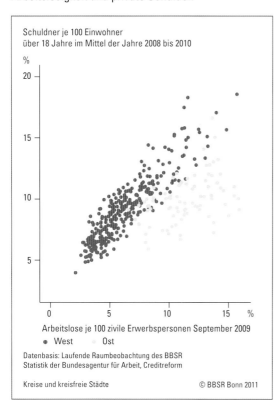

Schuldner je 100 Einwohner
über 18 Jahre im Mittel der Jahre 2008 bis 2010

Arbeitslose je 100 zivile Erwerbspersonen September 2009
● West   Ost

Datenbasis: Laufende Raumbeobachtung des BBSR
Statistik der Bundesagentur für Arbeit, Creditreform

Kreise und kreisfreie Städte   © BBSR Bonn 2011

Tabelle 15
Private Schuldner

	Private Schuldner je 100 Einwohner über 18 Jahre					
	Durchschnitt 2004 bis 2006	Bund = 100	Durchschnitt 2008 bis 2010	Bund = 100	Minimum 2008 bis 2010	Maximum 2008 bis 2010
Bund	**10,3**	**100,0**	**9,6**	**100,0**	**3,9**	**18,4**
West	**9,9**	**96,2**	**9,4**	**98,0**	**3,9**	**18,4**
Kreisfreie Großstädte	12,0	117,0	11,5	120,3	6,3	18,4
Städtische Kreise	9,3	90,6	8,8	92,1	4,8	15,3
Ländliche Kreise mit Verdichtungsansätzen	8,6	83,6	8,1	84,2	3,9	16,9
Dünn besiedelte ländliche Kreise	8,8	85,9	8,3	86,5	4,8	15,6
Ost	**11,8**	**114,2**	**10,3**	**107,6**	**5,8**	**16,5**
Kreisfreie Großstädte	13,9	134,8	12,2	127,7	6,4	16,5
Städtische Kreise	10,2	99,2	8,9	92,6	6,6	12,7
Ländliche Kreise mit Verdichtungsansätzen	10,0	97,3	8,8	92,3	5,8	13,1
Dünn besiedelte ländliche Kreise	11,1	108,3	9,6	99,9	7,0	14,9

Quelle: Laufende Raumbeobachtung des BBSR, Creditreform

Karte 19
Private Schuldner

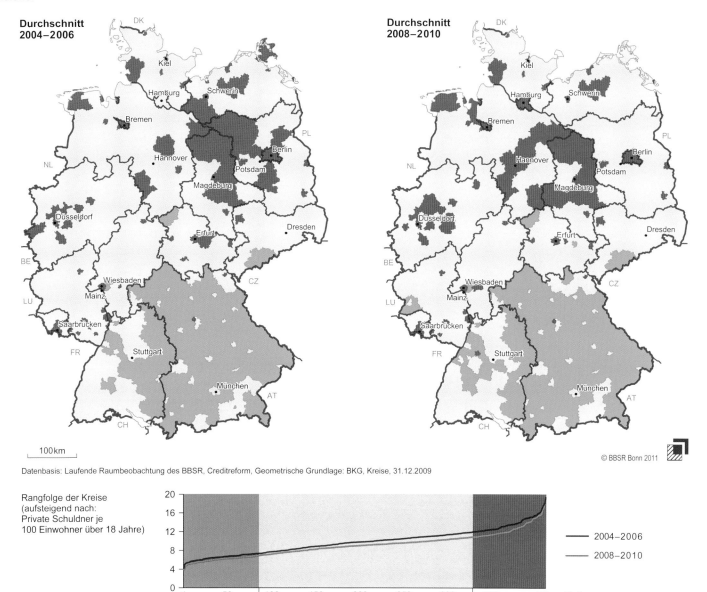

Datenbasis: Laufende Raumbeobachtung des BBSR, Creditreform, Geometrische Grundlage: BKG, Kreise, 31.12.2009

© BBSR Bonn 2011

2.7 Auffangnetz Bedarfsgemeinschaft

■ Mit der Änderung der Sozialgesetzgebung 2005 wurde das Konstrukt der Bedarfsgemeinschaft eingeführt. Die Bedarfsgemeinschaften bilden das letzte Auffangnetz für alle Erwerbsfähigen unter 65 Jahre, die ihren Lebensunterhalt, den des (Ehe-)Partners und der Kinder nicht aus eigener Kraft aufbringen können. Die Leistungen zum Lebensunterhalt umfassen neben der Grundsicherung auch Leistungen für die Unterkunft und Heizung der Bedarfsgemeinschaft. Hierfür wird eine Begrenzung der Miet- und Heizkosten festgelegt.

Grundsätzlich soll dieses soziale Sicherungsnetz nicht dauerhaft genutzt werden, da unter dem Motto „Fördern und Fordern" immer als Ziel die Eingliederung in den Arbeitsmarkt und damit in ein wirtschaftlich selbstbestimmtes Leben steht. Dies gelingt nicht immer. Vielfach endet der Leistungsbezug nur vorübergehend. Etwa 40 Prozent der Personen benötigen spätestens nach einem Jahr erneut staatliche Unterstützung. Alleinerziehende mit Kindern sind besonders armutsgefährdet. Sie sind öfter und länger auf staatliche Transferleistungen angewiesen als andere Haushalte.

6,7 Mio. Menschen in Deutschland lebten im Durchschnitt 2009/2010 in Bedarfsgemeinschaften – dies entspricht 8,2 % der Bevölkerung. Auch wenn sich die Anzahl der Personen in Bedarfsgemeinschaften in der ersten Jahreshälfte 2011 dank guter Konjunktur auf rund 6,5 Mio. Menschen reduziert hat, bleibt dieses hohe Niveau gesellschaftspolitisch ein Problem.

Regional sind die Anteile von Personen in Bedarfsgemeinschaften ähnlich verteilt wie die Arbeitslosigkeit selbst. Im oberen Fünftel der Kreise und kreisfreien Städte erreichen die Anteile von 11,1 % bis zu 18,4 % der Bevölkerung. Auch der Anteil der Personen in Bedarfsgemeinschaften ist in Großstädten höher als in den ländlichen Kreisen. Werden nur die erwerbsfähigen Leistungsberechtigten in den Bedarfsgemeinschaften betrachtet und diese auf alle zivilen Erwerbspersonen bezogen, so werden Anteile von bis zu 27 % errechnet.

Abbildung 15
Bedarfsgemeinschaften und Arbeitslosigkeit

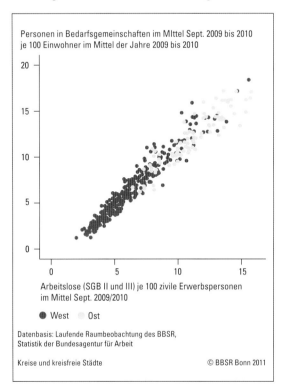

Personen in Bedarfsgemeinschaften im MIttel Sept. 2009 bis 2010 je 100 Einwohner im Mittel der Jahre 2009 bis 2010

Arbeitslose (SGB II und III) je 100 zivile Erwerbspersonen im Mittel Sept. 2009/2010

● West   ○ Ost

Datenbasis: Laufende Raumbeobachtung des BBSR, Statistik der Bundesagentur für Arbeit

Kreise und kreisfreie Städte   © BBSR Bonn 2011

Tabelle 16
Personen in Bedarfsgemeinschaften

	Personen in Bedarfsgemeinschaften je 100 Einwohner			
	Durchschnitt 2009 bis 2010	Bund = 100	Minimum 2009 bis 2010	Maximum 2009 bis 2010
Bund	**7,5**	**100,0**	**1,2**	**18,4**
West	**6,3**	**83,5**	**1,2**	**18,4**
Kreisfreie Großstädte	10,3	137,7	4,6	18,4
Städtische Kreise	5,6	74,2	1,2	14,3
Ländliche Kreise mit Verdichtungsansätzen	5,2	68,8	1,2	14,8
Dünn besiedelte ländliche Kreise	5,4	71,3	1,9	12,7
Ost	**12,1**	**161,6**	**6,2**	**17,2**
Kreisfreie Großstädte	13,6	181,4	8,8	17,2
Städtische Kreise	11,8	156,7	9,1	14,3
Ländliche Kreise mit Verdichtungsansätzen	11,4	151,4	6,4	16,4
Dünn besiedelte ländliche Kreise	12,3	163,2	6,2	17,1

Quelle: Laufende Raumbeobachtung des BBSR, Statistik der Bundesagentur für Arbeit

Karte 20
Personen in Bedarfsgemeinschaften

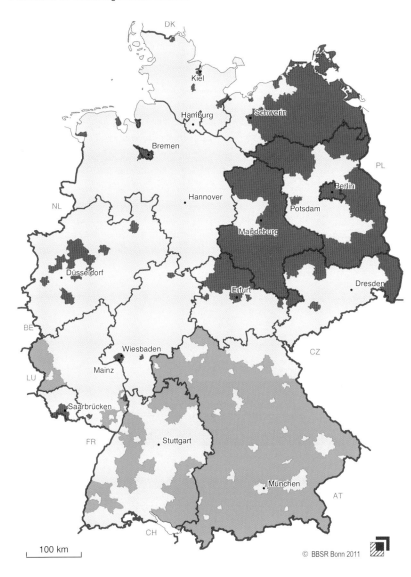

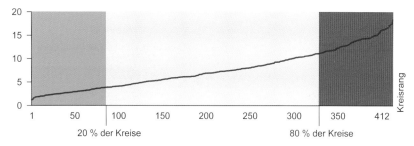

20 % der Kreise   80 % der Kreise

—— Rangfolge der Kreise (aufsteigend nach:
Personen in Bedarfsgemeinschaften im Mittel
September 2009–September 2010 je 100 Einwohner
im Durchschnitt 2009–2010)

Datenbasis: Laufende Raumbeobachtung des BBSR, Statistik der Bundesagentur für Arbeit, eigene Berechnungen
Geometrische Grundlage: BKG, Kreise, 31.12.2009

100 km

© BBSR Bonn 2011

2.8 Alt und arm

■ Wer den Lebensabend erreicht, will sich in gesicherten Verhältnissen wissen. Aber unterbrochene Erwerbsbiografien oder Schicksalsschläge lassen immer mehr ältere Menschen in die Altersarmut fallen. Weitere Anwartschaften können aufgrund des Ausscheidens aus dem Erwerbsleben nicht mehr erworben werden. Vermögen ist, wenn es vorhanden war, aufgezehrt. Ein Ausstieg aus der Armut ist unter diesen Bedingungen nahezu ausgeschlossen.

Um ein selbstbestimmtes Leben im Alter führen zu können, wurde 2003 die so genannte Grundsicherung im Alter und bei Erwerbsminderung eingeführt.

Von 258 000 über 65-jährigen mit Leistungsbezug im Jahr 2003 ist die Zahl auf 412 000 im Jahr 2010 angestiegen. Der Anstieg ist nach dem 3. Armuts- und Reichtumsbericht der Bundesregierung auch auf die Aufdeckung der so genannten verschämten Altersarmut zurückzuführen. Anders als bei der Hilfe zum Lebensunterhalt findet bei der Grundsicherung im Alter kein Rückgriff auf das Einkommen naher Angehöriger (etwa von Kindern) statt. Viele trauen sich nun, die Leistungen zu beanspruchen. Die Anteile von Frauen und Männern in der Grundsicherung im Alter sind sehr ungleich. Frauen sind etwa doppelt so häufig wie Männer auf Leistungen angewiesen. Vor allem alleinlebende Frauen in hohem Alter sind armutsgefährdet, da haushaltsinterne Umverteilungen zwischen Ehepartnern nicht mehr stattfinden können und die erworbenen Rentenansprüche zu gering sind.

Die räumliche Verteilung zeigt ein relativ klares Bild. In Westdeutschland finden sich überwiegend in den Großstädten mit ihren Alten- und Pflegeheimen weit überdurchschnittliche Anteile von Empfängern mit Leistungen aus der Grundsicherung im Alter. Ostdeutsche Regionen sind aufgrund der relativ guten Einkommensposition der Älteren weit weniger betroffen. Noch: Denn im Laufe der nächsten Jahrzehnte werden jene Menschen in das Ruhestandsalter kommen, die nicht das Einkommen und nicht die sozialversicherungspflichtige Lebensarbeitszeit aufweisen werden wie die Nachkriegsgeneration im Westen und vor allem im Osten. Daher wird von diesem Instrument der sozialen Sicherung in der Zukunft eine erhebliche finanzielle Kraftanstrengung abverlangt werden.

Abbildung 16
Empfänger von Grundsicherung im Alter innerhalb und außerhalb von Einrichtungen

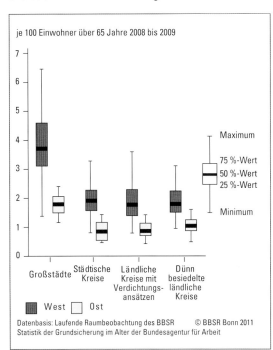

je 100 Einwohner über 65 Jahre 2008 bis 2009

Maximum
75 %-Wert
50 %-Wert
25 %-Wert
Minimum

Großstädte · Städtische Kreise · Ländliche Kreise mit Verdichtungsansätzen · Dünn besiedelte ländliche Kreise

■ West □ Ost

Datenbasis: Laufende Raumbeobachtung des BBSR   © BBSR Bonn 2011
Statistik der Grundsicherung im Alter der Bundesagentur für Arbeit

Tabelle 17
Empfänger von Grundsicherung im Alter

	Empfänger von Grundsicherung im Alter innerhalb und außerhalb von Einrichtungen je 100 Einwohner über 65 Jahre			
	Durchschnitt 2008 bis 2009	Bund = 100	Minimum 2008 bis 2009	Maximum 2008 bis 2009
Bund	2,4	100,0	0,4	6,5
West	2,6	107,5	0,8	6,5
Kreisfreie Großstädte	4,2	175,8	1,4	6,5
Städtische Kreise	2,1	86,3	0,8	4,6
Ländliche Kreise mit Verdichtungsansätzen	1,8	76,3	0,8	4,0
Dünn besiedelte ländliche Kreise	1,9	79,6	0,9	5,8
Ost	1,7	70,8	0,4	4,8
Kreisfreie Großstädte	3,3	138,8	1,2	4,8
Städtische Kreise	0,7	30,8	0,5	1,4
Ländliche Kreise mit Verdichtungsansätzen	0,9	38,8	0,4	3,9
Dünn besiedelte ländliche Kreise	1,1	43,8	0,5	2,0

Quelle: Laufende Raumbeobachtung des BBSR, Statistik der Grundsicherung im Alter der Bundesagentur für Arbeit

Karte 21
Altersarmut

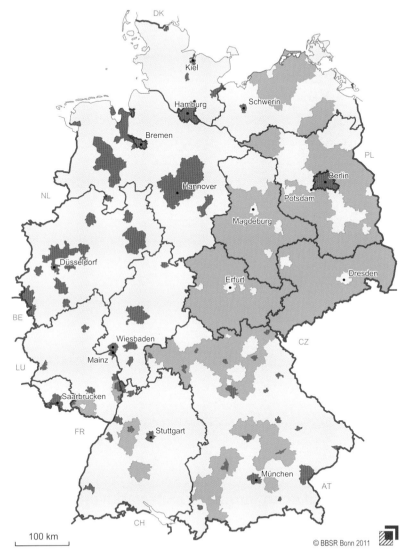

100 km

© BBSR Bonn 2011

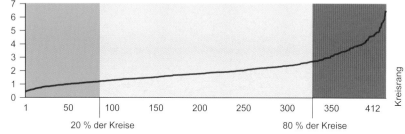

—— Rangfolge der Kreise (aufsteigend nach:
Empfänger von Grundsicherung im Alter innerhalb und außerhalb von Einrichtungen
je 100 Einwohner 65 Jahre und älter 2008–2009)

Datenbasis: Laufende Raumbeobachtung des BBSR,
Statistik der Grundsicherung im Alter der Bundesagentur für Arbeit
Geometrische Grundlage: BKG, Kreise, 31.12.2009

3 Orte mit schwierigen Arbeitsmarktverhältnissen

3 Orte mit schwierigen Arbeitsmarktverhältnissen

■ Der wirtschaftliche Erfolg oder Misserfolg einer Stadt oder Region lässt sich an wenigen Indikatoren ablesen. Die Arbeitslosenquote zählt dazu. Aber ist das wirklich alles? Erst die Betrachtung von Unterbeschäftigung, Aufstockern, Leiharbeit und den regionalen Einkommensverhältnissen geben ein vollständigeres Bild. Auch nach über 20 Jahren deutscher Einheit gibt es besonders in Ostdeutschland trotz vieler Erfolge noch vielerorts Handlungsbedarf. Aber auch das Ruhrgebiet hat die Wende auf dem Arbeitsmarkt noch nicht geschafft.

Der deutsche Arbeitsmarkt trotzt der Finanzkrise. Arbeitslosenquoten von unter 7 % im Bundesdurchschnitt sind sehr erfreulich und nicht wenige nehmen wieder das Wort „Vollbeschäftigung" in den Mund, auch wenn die Krise um den Euro mit hohen Risiken für die Realwirtschaft verbunden ist.

Trotz dieser immer noch guten Entwicklung darf nicht übersehen werden, dass sich hinter Durchschnittswerten gravierende regionale Unterschiede verbergen. Auch wird der Beschäftigtenzuwachs nicht unwesent-lich durch die Zeitarbeit getragen. Im Juni 2011 wurde erstmals die Marke von 900 000 Leiharbeitnehmern überschritten. Zu den atypischen Beschäftigungsformen werden nach der Definition des Statistischen Bundesamtes – in Abgrenzung vom Normalarbeitsverhältnis – Teilzeitbeschäftigungen mit 20 oder weniger Arbeitsstunden pro Woche, geringfügige Beschäftigungen, befristete Beschäftigungen sowie Zeitarbeitsverhältnisse gezählt. Dort, wo ein atypisches Beschäftigungsverhältnis aus Gründen der persönlichen Lebensprioritäten oder aus familiären Gründen freiwillig erfolgt, kann dies gesellschaftspolitisch nicht beanstandet werden. Dort, wo Teilzeit oder Leiharbeit notgedrungen ausgeübt wird oder gar Normalarbeitsverhältnisse verdrängen, ist dies aus dem Blickwinkel einer solidarischen Gesellschaft hingegen problematisch. Beispiel Teilzeit: In Deutschland ist der Anteil der Personen, die nur deshalb verkürzt arbeiten, weil sie keine Vollzeitstelle finden können, nach einer Untersuchung des Deutschen Instituts für Wirtschaftsforschung im Jahre 2011 alles andere als unbedeutend. Immerhin waren davon 2010 mehr als zwei Mio. Teilzeitbeschäftigte betroffen. Die unfreiwillige Teilzeit-

Nicht überall ist die Stellenlage gut – Jobsuchende bei der Internetrecherche. (Foto: © Bernd Kühler/Bundesregierung)

tätigkeit hat sich von 2001 bis 2006 ausgebreitet und verharrt seitdem auf hohem Niveau. So möchte jeder fünfte Teilzeitbeschäftigte lieber ganztags arbeiten.

Wer zu wenig zum Leben hat, muss von der Allgemeinheit gestützt werden und schränkt damit die finanziellen Handlungsmöglichkeiten des Staates für eine zukunftsgerichtete Bildungs-, Innovations- und Infrastrukturpolitik ein.

3.1 Arbeitslosigkeit – es gibt noch viel zu tun

■ Kaum ein Indikator gibt über den wirtschaftlichen Erfolg oder Misserfolg einer Region so umfassend Auskunft wie die Arbeitslosenquote. Verfestigt sich die Arbeitslosigkeit und tritt regional konzentriert auf, ist dies auch für die Zukunftsfähigkeit der Region schädlich. Denn die drohende Abwanderung macht den Standort weniger attraktiv für Investoren.

Nach der Statistik der Bundesagentur für Arbeit sind Arbeitslose Personen, die vorübergehend nicht in einem Beschäftigungsverhältnis stehen, eine versicherungspflichtige Beschäftigung suchen, für Vermittlungsbemühungen der Arbeitsagentur zur Verfügung stehen und sich arbeitslos gemeldet haben. Mit der Arbeitsmarktreform 2005 wurden die Arbeitslosenhilfe und die Sozialhilfe im Sozialgesetzbuch (SGB II) zusammengefasst. Die Regelungen des Arbeitslosengeldes wurden weiter im SGB III belassen und der Bezug auf in der Regel ein Jahr begrenzt. Während die

Arbeitslosen nach SGB II mehr oder minder zum harten Kern der Arbeitslosen, also den Langzeitarbeitslosen, gezählt werden können, handelt es sich bei den Arbeitslosen nach SGB III eher um die konjunkturell bedingten Arbeitslosen. Dies wird auch an den Zahlen deutlich. So waren im Durchschnitt 2009/2010 etwa drei Mio. Menschen arbeitslos gemeldet. Von diesen drei Mio. Personen sind rund 70 % dem Bestand an Arbeitslosen im Rechtskreis SGB II zuzuordnen. Unter dem Blickwinkel eines dauerhaft schwierigen regionalen Arbeitsmarktes sollte demnach das Augenmerk vor allem auf den Bestand an Langzeitarbeitslosen gelenkt werden.

Die Langzeitarbeitslosigkeit ist regional sehr unterschiedlich verteilt. Während in vielen Regionen Bayerns und Baden-Württembergs von Vollbeschäftigung gesprochen werden kann, sind die Regionen mit einem Anteil von über 7,4 % bis 13,7 % (oberes Quintil)

im Osten der Republik und in den altindustrialisierten Regionen des Westens, wie dem Ruhrgebiet, zu finden. Auch wenn sich die Definitionen der Arbeitslosenquote im Laufe der Jahre geändert haben, so hat sich in Bezug auf die regionalen Strukturen wenig verändert: Kreise und kreisfreie Städte, die 1995 schon von einer hohen Arbeitslosigkeit geprägt waren, zählten vielfach auch 2010 zu dieser Gruppe. Die Arbeitslosenquoten Jugendlicher und älterer Menschen – hier über 55 Jahre – weisen ähnliche regionale Muster auf.

Vor allem in Großstädten ist die Arbeitslosigkeit hoch. In ländlichen Regionen ist sie besonders im Westen gering. Dies hängt unter anderem damit zusammen, dass es hier einen Anteil verdeckter Arbeitslosigkeit gibt. So sind zum Beispiel verheiratete Frauen im Westen seltener arbeitslos gemeldet, auch wenn sie einer Erwerbstätigkeit nachgehen wollten.

Abbildung 17
Arbeitslose im SGB II und III

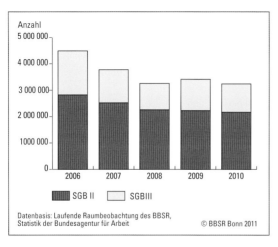

Datenbasis: Laufende Raumbeobachtung des BBSR,
Statistik der Bundesagentur für Arbeit
© BBSR Bonn 2011

Tabelle 18
Arbeitslose im SGB II und III

	Arbeitslose im SGB II und III je 100 zivile Erwerbspersonen			
	Durchschnitt 2009 bis 2010	Bund = 100	Minimum 2009 bis 2010	Maximum 2009 bis 2010
Bund	**7,2**	**100,0**	**2,0**	**15,8**
West	**6,2**	**85,3**	**2,0**	**15,6**
Kreisfreie Großstädte	9,0	124,5	4,3	15,6
Städtische Kreise	5,7	79,3	2,8	12,4
Ländliche Kreise mit Verdichtungsansätzen	5,3	73,6	2,0	13,8
Dünn besiedelte ländliche Kreise	5,5	76,1	2,4	12,3
Ost	**11,2**	**154,9**	**6,5**	**15,8**
Kreisfreie Großstädte	11,9	164,1	7,9	14,2
Städtische Kreise	11,2	154,8	7,8	13,5
Ländliche Kreise mit Verdichtungsansätzen	10,8	149,1	7,4	14,4
Dünn besiedelte ländliche Kreise	11,3	155,9	6,5	15,8

Quelle: Laufende Raumbeobachtung des BBSR, Statistik der Bundesagentur für Arbeit

Karte 22
Empfänger von Arbeitslosengeld II

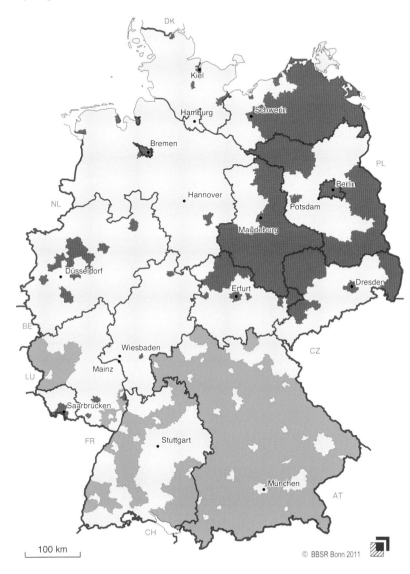

100 km

© BBSR Bonn 2011

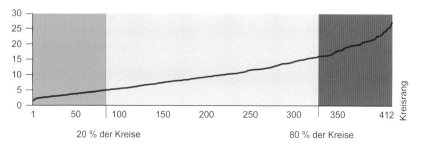

20 % der Kreise   80 % der Kreise

——— Rangfolge der Kreise (aufsteigend nach:
     Empfänger von Arbeitslosengeld II (Regelleistung) im Durchschnitt der Jahr 2009–2010
     je 100 zivile Erwerbspersonen)

Datenbasis: Laufende Raumbeobachtung des BBSR, Statistik der Bundesagentur für Arbeit
Geometrische Grundlage: BKG, Kreise, 31.12.2009

3.2 Unterbeschäftigung – wie hoch ist die Arbeitslosigkeit wirklich?

■ Wenn in Presse und Fernsehen die amtlichen Arbeitslosenquoten der Bundesagentur für Arbeit diskutiert werden, so spiegeln diese Quoten nur einen Teil der Arbeitsmarktprobleme wider. Denn neben den als arbeitslos erfassten Personen sind auch jene Personen zu berücksichtigen, die nicht in der Statistik als arbeitslos gezählt werden. Die Bundesagentur für Arbeit spricht hier von „Entlastung". Gemeint sind Menschen, die zwar als arbeitsuchend gemeldet sind, aber durch Instrumente der Arbeitsmarktpolitik eine Beschäftigung im zweiten Arbeitsmarkt erhalten haben oder sich in einer anderen arbeitsmarktpolitischen Maßnahme befinden. Diese Personen sowie Arbeitslose werden als Maß für die Unterbeschäftigung im engeren Sinn ausgegeben. Im September 2010 und 2011 waren dies 3,9 Mio. Menschen. In der Karte sind die Unterbeschäftigten im engeren Sinne wiedergegeben. Hier schwanken die Anteile der Arbeitslosigkeit an der Unterbeschäftigung zwischen

60 und 90 %. Wieder sind es die strukturschwachen Regionen Ostdeutschlands, die einen hohen Grad an Unterbeschäftigung aufweisen, während in Bayern die Unterbeschäftigung kaum eine Rolle spielt.

Während die Arbeitslosenquote im Durchschnitt der Monate September 2009 und September 2010 7,6 % betrug, lag die Unterbeschäftigungsquote bei 9,6 % der zivilen Erwerbspersonen. Das untere Fünftel der Kreise und kreisfreien Städte hat eine Unterbeschäfti-

gungsquote von höchstens 5,6 %, während das obere Fünftel eine Quote von 13,9 % bis zu 23,9 % der zivilen Erwerbspersonen aufweist.

Nach Kreistypen ausgewertet bewegen sich alle Kreistypen in Ostdeutschland auf einem ähnlich hohen Niveau, wobei die Großstädte und die dünn besiedelten ländlichen Kreise etwas herausragen. In Westdeutschland haben vor allem die Großstädte hohe Unterbeschäftigungsquoten.

Abbildung 18
Unterbeschäftigte (ohne Kurzarbeit) je 100 zivile Erwerbspersonen im Durchschnitt September 2009/2010

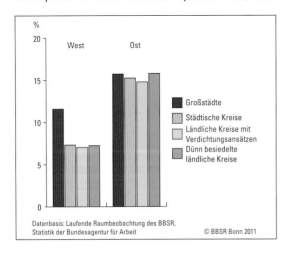

Datenbasis: Laufende Raumbeobachtung des BBSR, Statistik der Bundesagentur für Arbeit   © BBSR Bonn 2011

Tabelle 19
Komponenten der Unterbeschäftigung – September 2011

Komponente	Ostdeutschland	Westdeutschland	Deutschland
Arbeitslosigkeit (nach § 16 SGB III)	**877 175**	**1 918 395**	**2 795 570**
+ Personen, die allein wegen §16 Abs. 2 SGB III und § 53a Abs. 2 SGB II nicht arbeitslos sind	**69 819**	**180 243**	**250 062**
davon: Aktivierung und berufliche Eingliederung (§ 46 SGB III)	36 402	112 468	148 870
Eignungsfeststellungs- und Trainingsmaßnahmen (Restabwicklung)	–	36	36
Vorruhestandsähnliche Regelung (Sonderstatus § 53a SGB II)	33 417	67 739	101 156
= Arbeitslosigkeit im weiteren Sinne	**946 994**	**2 098 638**	**3 045 632**
+ Personen, die nah am Arbeitslosenstatus nach § 16 Abs. 1 SGB III sind	**240 412**	**430 876**	**671 288**
Personal-Service-Agenturen (PSA)	–	23	23
darunter: Berufliche Weiterbildung	51 783	114 238	166 021
Arbeitsgelegenheiten	93 371	97 397	190 768
Fremdförderung	19 021	44 291	63 312
Beschäftigungsphase Bürgerarbeit	8 621	4 611	13 232
Arbeitsbeschaffungsmaßnahmen	308	608	916
Beschäftigungszuschuss	3 755	8 658	12 413
§ 428 SGB III/65 Abs.4.SGB II/§ 252 Abs. 8 SGB VI	39 066	102 076	141 142
kurzfristige Arbeitsunfähigkeit	24 487	58 974	83 461
= Unterbeschäftigung im engeren Sinne	**1 187 406**	**2 529 514**	**3 716 920**
+ Personen in Arbeitsmarktpolitik fern vom Arbeitslosenstatus nach § 16 Abs. 1 SGB III	**46 351**	**171 884**	**218 236**
darunter: Gründungszuschuss	27 821	95 042	122 863
Einstiegsgeld – Variante: Selbstständigkeit	3 991	4 024	8 016
Altersteilzeit	14 539	72 818	87 357
= Unterbeschäftigung (ohne Kurzarbeit)	**1 233 757**	**2 701 398**	**3 935 156**
nachrichtlich:			
Unterbeschäftigung (ohne Kurzarbeit) je 100 zivile Erwerbspersonen	14,5	7,9	9,2
Anteil der Arbeitslosigkeit an der Unterbeschäftigung (ohne Kurzarbeit)	71,1	71,0	71,0

Quelle: Bundesagentur für Arbeit, ausführliche Erläuterungen zu den einzelnen Komponenten in den dortigen Fußnoten

Karte 23
Unterbeschäftigte

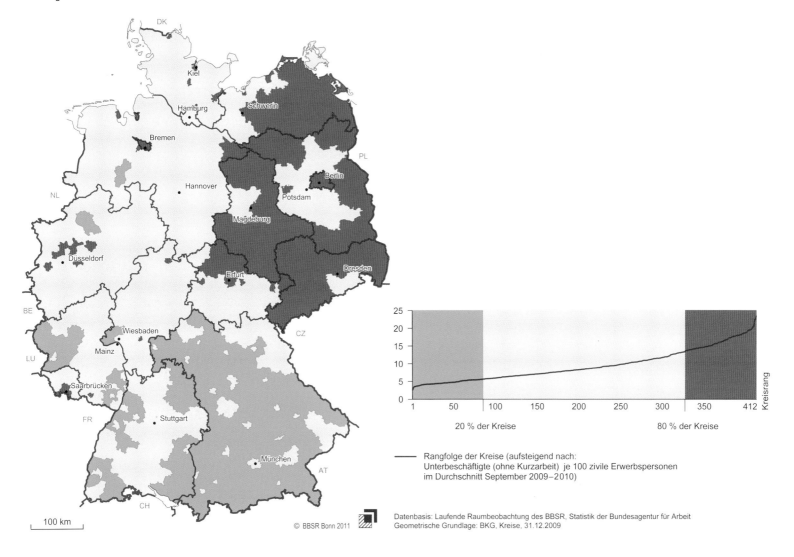

Rangfolge der Kreise (aufsteigend nach:
Unterbeschäftigte (ohne Kurzarbeit) je 100 zivile Erwerbspersonen
im Durchschnitt September 2009–2010)

© BBSR Bonn 2011

Datenbasis: Laufende Raumbeobachtung des BBSR, Statistik der Bundesagentur für Arbeit
Geometrische Grundlage: BKG, Kreise, 31.12.2009

3.3 Aufstocker – wenn das Arbeitseinkommen nicht reicht

■ „Arm trotz Arbeit", heißt es bei so manchem Erwerbstätigen; bei Personen also, die zwar ein Einkommen haben, aber aufgrund des niedrigen Einkommens oder als Teil einer Bedarfsgemeinschaft Grundsicherung beziehen. Dazu zählen zum Beispiel Minijobber. Aber auch Vollzeitbeschäftigte und Selbstständige sind unter den „Aufstockern" zu finden. In Deutschland gibt es immer mehr Menschen, die ihren Lebensunterhalt gleichzeitig aus Transferleistungen im

SGB II und aus Arbeitslohn bestreiten. Im September 2010 haben 1,4 Mio. Personen solche Transferleistungen erhalten – 7 % mehr als 2009.

Ein knappes Drittel der Empfänger von Arbeitslosengeld II gehört zu den „Aufstockern". Die Karte zeigt, wie groß deren Anteil im Vergleich zu allen Beschäftigten ist. Mit Prozentwerten zwischen 0,4 % und 8 % ist eine relativ breite regionale Streuung gegeben.

Insgesamt ist der Anteil der „Aufstocker" an den zivilen Erwerbspersonen in Regionen mit niedrigem Einkommen und hoher Arbeitslosigkeit am höchsten. In ostdeutschen Großstädten liegt der Anteil bei durchschnittlich 5,7 %. Die niedrigsten Werte erreichen auch hier die ländlichen Kreise in Westdeutschland.

Abbildung 19
„Aufstocker" und Medianeinkommen

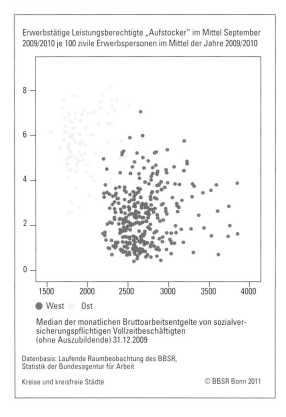

Erwerbstätige Leistungsberechtigte „Aufstocker" im Mittel September 2009/2010 je 100 zivile Erwerbspersonen im Mittel der Jahre 2009/2010

● West ○ Ost

Median der monatlichen Bruttoarbeitsentgelte von sozialversicherungspflichtigen Vollzeitbeschäftigten (ohne Auszubildende) 31.12.2009

Datenbasis: Laufende Raumbeobachtung des BBSR, Statistik der Bundesagentur für Arbeit

Kreise und kreisfreie Städte　　　　© BBSR Bonn 2011

Tabelle 20
Erwerbsfähige Leistungsberechtigte („Aufstocker")

	Erwerbsfähige Leistungsberechtigte („Aufstocker") je 100 zivile Erwerbspersonen			
	Durchschnitt 2009 bis 2010	Bund = 100	Minimum 2009 bis 2010	Maximum 2009 bis 2010
Bund	3,1	100,0	0,4	8,1
West	2,4	77,6	0,4	6,9
Kreisfreie Großstädte	3,7	119,5	1,7	6,9
Städtische Kreise	2,1	68,7	0,4	5,8
Ländliche Kreise mit Verdichtungsansätzen	2,1	66,4	0,4	5,2
Dünn besiedelte ländliche Kreise	2,2	71,3	0,7	5,1
Ost	5,7	183,7	2,6	8,1
Kreisfreie Großstädte	6,8	217,8	5,0	8,1
Städtische Kreise	5,9	190,7	4,4	7,2
Ländliche Kreise mit Verdichtungsansätzen	5,4	172,2	2,7	7,7
Dünn besiedelte ländliche Kreise	5,6	180,4	2,6	7,9

Quelle: Laufende Raumbeobachtung des BBSR, Statistik der Bundesagentur für Arbeit

Karte 24
Aufstocker

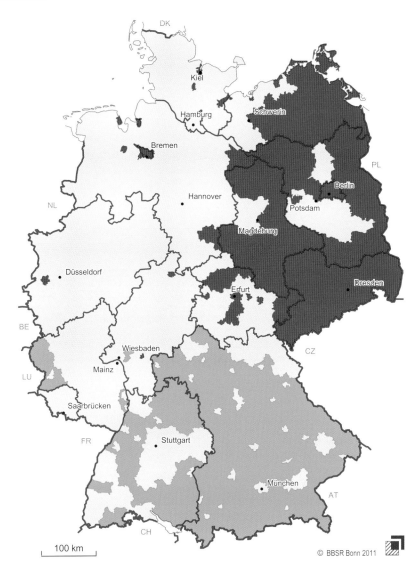

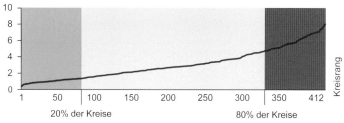

20% der Kreise   80% der Kreise

—— Rangfolge der Kreise (aufsteigend nach:
Anteil der erwerbstätigen Leistungsberechtigten an allen zivilen Erwerbspersonen,
Durchschnitt September 2009/2010)

100 km

© BBSR Bonn 2011

Datenbasis: Laufende Raumbeobachtung des BBSR, Statistik der Bundesagentur für Arbeit
Geometrische Grundlage: BKG, Kreise, 31.12.2009

3.4 Leiharbeit – atypische Beschäftigung mit Zuwachs

■ Mit über 900 000 Personen arbeiten im Juni 2011 mehr Menschen bei Zeitarbeitsfirmen als noch vor der Finanz- und Wirtschaftskrise 2009. Gegenüber dem Jahr 2005 hat sich die Zahl der Leiharbeitnehmer damit mehr als verdoppelt. Die „Überlassung von Arbeitskräften" ist damit neben der Teilzeit und der geringfügigen Beschäftigung (Minijobs) eine Beschäftigungsform, die zunehmend an Bedeutung gewinnt.

Erfasst wird die Leiharbeit in der Beschäftigtenstatistik in der Wirtschaftsgruppe „Überlassung von Arbeitskräften". Das hat zur Folge, dass nicht der tatsächliche Einsatzort der Leiharbeiter bekannt ist. Denn der Sitz der Leiharbeitsfirma, mit der das Arbeitsverhältnis besteht, muss nicht der gleiche Ort sein, an dem der Leiharbeiter seiner Beschäftigung nachgeht. Es kann jedoch davon ausgegangen werden, dass die Leiharbeitsfirmen dort ihren Sitz haben, wo sie einen Markt für sich erkennen.

Bundesweit machen Zeitarbeiter 2,3 % der sozialversicherungspflichtig Beschäftigten aus. Regional betrachtet ist die Leiharbeit allerdings sehr unterschiedlich verteilt. Auf Kreisebene schwanken die Anteile von 0 % bis über 10 %. In 106 der insgesamt 412 Kreise spielt Leiharbeit mit einem Anteil von unter 0,8 % kaum eine Rolle. Hoch sind die Quoten in Großstädten und Kreisen mit eher städtischem Charakter in Westdeutschland: Wolfsburg, Emden, Ansbach und Landshut sind hier typische Beispiele. In diesen oft industriell geprägten regionalen Arbeitsmärkten ist die Leiharbeit mittlerweile zu einem bedeutsamen Beschäftigungsfaktor geworden. Für die große Mehrheit der betroffenen Arbeitnehmer ist die Leiharbeit nicht zwingend eine Brücke in ein reguläres Arbeitsverhältnis.

Abbildung 20
Leiharbeiter

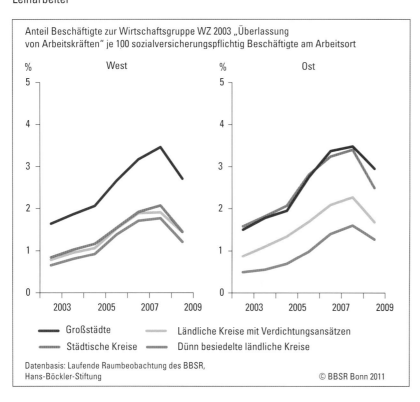

Anteil Beschäftigte zur Wirtschaftsgruppe WZ 2003 „Überlassung von Arbeitskräften" je 100 sozialversicherungspflichtig Beschäftigte am Arbeitsort

West / Ost

— Großstädte
— Städtische Kreise
— Ländliche Kreise mit Verdichtungsansätzen
— Dünn besiedelte ländliche Kreise

Datenbasis: Laufende Raumbeobachtung des BBSR, Hans-Böckler-Stiftung
© BBSR Bonn 2011

Tabelle 21
Leiharbeiter

	Leiharbeiter je 100 sozialversicherungspflichtige Beschäftigte			
	Durchschnitt 2003 bis 2005	Durchschnitt 2007 bis 2009	Minimum 2007 bis 2009	Maximum 2007 bis 2009
Bund	**1,28**	**2,29**	**0**	**10,27**
West	**1,28**	**2,25**	**0**	**10,27**
Kreisfreie Großstädte	1,85	3,11	0,48	7,91
Städtische Kreise	1,01	1,81	0	6,08
Ländliche Kreise mit Verdichtungsansätzen	0,93	1,75	0	8,11
Dünn besiedelte ländliche Kreise	0,79	1,56	0	10,27
Ost	**1,27**	**2,44**	**0**	**8,2**
Kreisfreie Großstädte	1,74	3,26	2,21	6,58
Städtische Kreise	1,82	3,04	0,32	8,2
Ländliche Kreise mit Verdichtungsansätzen	1,1	2,02	0,18	6,65
Dünn besiedelte ländliche Kreise	0,58	1,42	0	5,89

Quelle: Laufende Raumbeobachtung des BBSR, Hans-Böckler-Stiftung

Karte 25
Leiharbeit

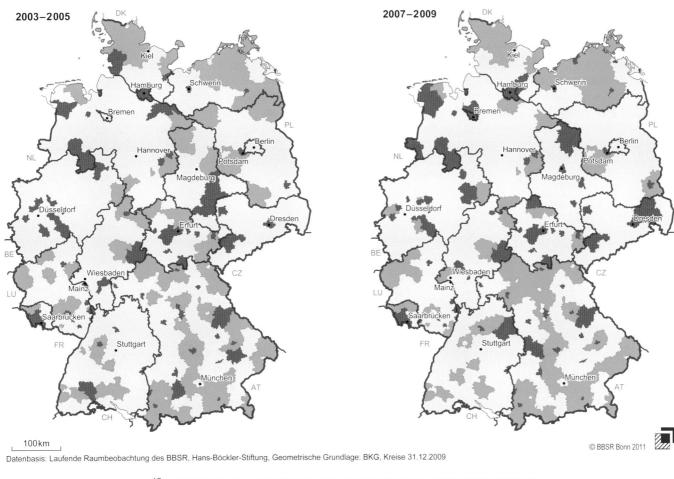

2003–2005

2007–2009

100 km

Datenbasis: Laufende Raumbeobachtung des BBSR, Hans-Böckler-Stiftung, Geometrische Grundlage: BKG, Kreise 31.12.2009

© BBSR Bonn 2011

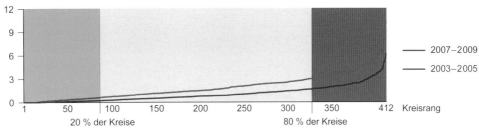

Rangfolge der Kreise
(aufsteigend nach:
Anteil Beschäftigte zur
Wirtschaftsgruppe (WZ 2003)
„Überlassung von Arbeitskräften"
je 100 sozialversicherungspflichtig
Beschäftigte am Arbeitsort)

—— 2007–2009
—— 2003–2005

20 % der Kreise   80 % der Kreise   Kreisrang

3.5 Wer verdient wo wie viel?

■ Wer verdient wo wie viel? Diese Frage stößt immer wieder auf großes öffentliches Interesse. Kaum ein Indikator drückt die soziale Stellung einer Person deutlicher aus als das Einkommen. Eng damit verbunden sind die Teilhabemöglichkeiten am gesellschaftlichen Leben. Dies hat die Diskussion um die Erhöhung der Hartz-IV-Regelsätze 2011 eindrucksvoll belegt. Wird diese personelle Sichtweise um die regionale erweitert, so geben die Einkommensverhältnisse einer Region darüber Auskunft, wie es wirtschaftlich um diese bestellt ist.

Dabei bedeuten gleiche oder ähnliche Einkommen pro Kopf nicht gleiche Lebensbedingungen. Denn mit einem Bruttomonatsverdienst von 3 000 Euro können Arbeitnehmer in München weniger Sprünge machen als im Altenburger Land in Thüringen. Dennoch sind regionale Einkommensungleichheiten Ausdruck für politischen Handlungsbedarf. Nicht von ungefähr zielen die Fördermaßnahmen der Bund-Länder Gemeinschaftsaufgabe „Verbesserung der regionalen Wirtschaftsstruktur" darauf ab, interregionale Unterschiede bei Einkommen und Arbeitsplätzen abzubauen. Mit dem Indikator „Median der monatlichen Bruttoarbeitsentgelte von sozialversicherungspflichtig Vollzeitbeschäftigten (ohne Auszubildende) in Euro" können die regionalen Einkommensunterschiede treffend beschrieben werden. Im Vergleich zum Durchschnittseinkommen je Beschäftigten (arithmetisches

Mittel) vermeidet der Median Verzerrungen durch sehr niedrige oder sehr hohe Einkommen.

Am Stichtag 31.12.2009 reichte die Spannweite des Medianeinkommens je Beschäftigen von 1 550 Euro bis zu 3 850 Euro. Im Stadt-Land-Vergleich kann ein klares Gefälle von der Stadt zu den weniger dicht besiedelten Kreisen festgestellt werden. Dies gilt für West- und Ostdeutschland gleichermaßen, wobei auch 20 Jahre nach der deutschen Einheit die Menschen im Westen einen Einkommensvorsprung haben. In Ostdeutschland gibt es nach wie vor weniger Großunternehmen und die Arbeitsproduktivität ist niedriger. Im Vergleich zum Jahr 2000 sind die Einkommensunterschiede 2009 größer geworden – ein Trend, der sich vor allem in Westdeutschland zeigt.

Abbildung 21
Medianeinkommen

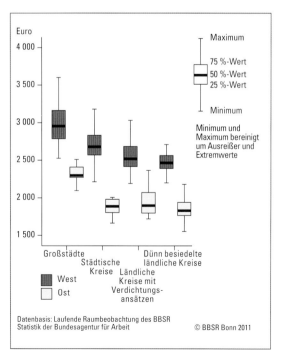

Datenbasis: Laufende Raumbeobachtung des BBSR
Statistik der Bundesagentur für Arbeit
© BBSR Bonn 2011

Tabelle 22
Medianeinkommen

	Median der monatlichen Bruttoarbeitsentgelte von sozialversicherungspflichtig Vollzeitbeschäftigten (ohne Auszubildende) in Euro						
	31.12.2000	Index 31.12.2000: Bund = 100	31.12.2009	Index 31.12.2009 Bund = 100	Minimum 31.12.2009	Maximum 31.12.2009	nominale Entwicklung des Medianeinkommens in % 2000 bis 2009
Bund	2 250	100,0	2 530	100,0	1 552	3 852	12,5
West	2 388	106,1	2 686	106,2	2 192	3 852	12,5
Großstädte	2 630	116,9	3 022	119,4	2 525	3 852	14,9
Städtische Kreise	2 423	107,7	2 718	107,4	2 213	3 735	12,1
Ländliche Kreise mit Verdichtungsansätzen	2 284	101,5	2 552	100,8	2 192	3 304	11,7
Dünn besiedelte ländliche Kreise	2 217	98,5	2 477	97,9	2 200	2 915	11,8
Ost	1 736	77,2	1 948	77,0	1 552	2 510	12,2
Großstädte	2 003	89,0	2 324	91,9	2 096	2 510	16,1
Städtische Kreise	1 690	75,1	1 912	75,6	1 663	2 292	13,2
Ländliche Kreise mit Verdichtungsansätzen	1 737	77,2	1 943	76,8	1 721	2 365	11,8
Dünn besiedelte ländliche Kreise	1 676	74,5	1 862	73,6	1 552	2 180	11,1

Quelle: Statistik der Bundesagentur für Arbeit, regionale Bruttoarbeitsentgelte 31.12.2000 und 31.12.2009 entsprechen ungewichtetem Mittelwert

Karte 26

Medianeinkommen

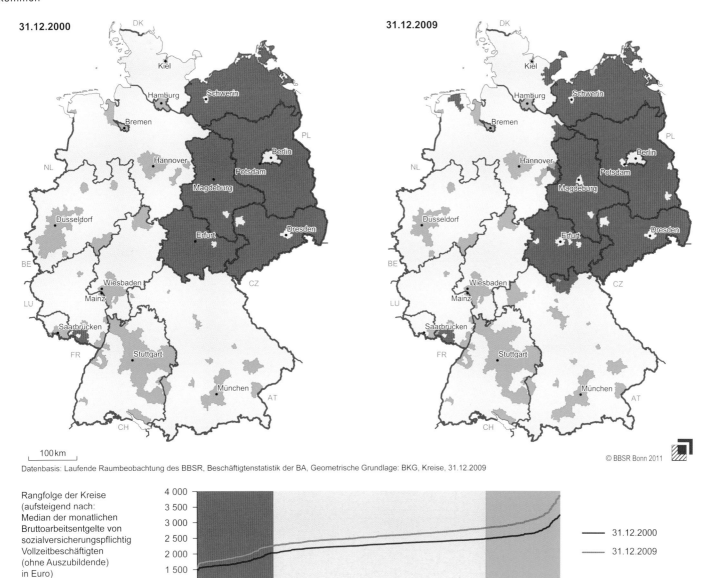

31.12.2000

31.12.2009

100 km

© BBSR Bonn 2011

Datenbasis: Laufende Raumbeobachtung des BBSR, Beschäftigtenstatistik der BA, Geometrische Grundlage: BKG, Kreise, 31.12.2009

Rangfolge der Kreise
(aufsteigend nach:
Median der monatlichen
Bruttoarbeitsentgelte von
sozialversicherungspflichtig
Vollzeitbeschäftigten
(ohne Auszubildende)
in Euro)

20 % der Kreise

80 % der Kreise

—— 31.12.2000

—— 31.12.2009

4 Kommunale Finanzen – ein Dauerbrenner

4 Kommunale Finanzen – ein Dauerbrenner

■ „Städtische Finanzen: Kollaps oder Reformen!", „Diese Stadt will leben", „Haushalte verharren im Defizit" – das sind einige der Schlagzeilen, welche die Situation der Kommunalfinanzen beschreiben. Grundsätzliche Lösungen sind bislang nicht in Sicht.

Die kommunale Verschuldung ist räumlich stark konzentriert. 20 % der Kreise und kreisfreien Städte mit der höchsten Pro-Kopf-Verschuldung 2009 vereinigen bereits 41 % des Schuldenvolumens auf sich. Vielerorts ist der Investitionsstau nicht zu übersehen. Gerade das Angebot und der Ausbau von Kindertagesstätten stehen nicht selten unter einem Finanzierungsvorbehalt.

Die Zusammenhänge zwischen einem stetigen Rückgang der Anzahl der Bevölkerung und einer schwierigen kommunalen Finanzlage gilt als gesichert. Dennoch: Das Postulat der gleichwertigen Lebensbedingungen verlangt eine Mindestausstattung mit technischer und sozialer Infrastruktur in ganz Deutschland. Wenn Schulden nur noch mit Schulden bezahlt werden können, ist es mit der kommunalen Selbstverwaltung eigentlich vorbei.

Aber auch bei der finanziellen Deckung laufender Ausgaben stoßen immer mehr kommunale Gebietskörperschaften an ihre Grenzen oder gehen darüber hinaus. Immer mehr Kommunen geraten in eine Haushaltsnotlage. Um die chronische Unterfinanzierung zu beenden, braucht es eine grundlegende Gemeindefinanzreform. Nur diese kann die Kommunen in die Lage versetzen, ihre Haushalte auszugleichen, weil sie nur dann ihrer kommunalen Selbstverantwortung als handlungsfähige Körperschaften auch gerecht werden können. Erste Schritte zur Entlastung sind getan. So will der Bund von den Kommunen die Kosten der Grundsicherung ab 2014 vollständig übernehmen. Eine grundlegende Gemeindefinanzreform war 2011 politisch nicht durchsetzbar. Daher wird die Situation der kommunalen Finanzen weiter auf der Tagesordnung bleiben. Nicht zuletzt auch wegen der Einführung der sogenannten Schuldenbremse, die vorsieht, dass die Haushalte von Bund und Ländern in Zukunft

Die Schuldenuhr tickt – auch die Finanzlage der Kommunen bleibt angespannt (Foto: © Bund der Steuerzahler)

grundsätzlich ohne Einnahmen aus Krediten auskommen müssen. Dies wird die Handlungsmöglichkeiten der Länder erheblich einschränken und sich auch auf die künftige Ausgestaltung der länderspezifischen kommunalen Ausgleichssysteme auswirken.

4.1 Kommunale Verschuldung – regional hoch konzentriert

■ Nicht zuletzt durch die Finanz- und Wirtschaftskrise haben die Schulden der öffentlichen Haushalte von Bund, Ländern und kommunalen Gebietskörperschaften einschließlich ihrer Extrahaushalte im ersten Halbjahr 2011 die Grenze von zwei Billionen Euro überschritten. Damit steht jeder Einwohner Deutschlands mit über 25 000 Euro in der Kreide. Der Bund trägt mit 65 % mit Abstand die Hauptlast der Verschuldung. Es folgen die Länderhaushalte mit 29 % und die Kommunalhaushalte mit 6 %. Trotz des vergleichsweise geringen Anteils der kommunalen Schulden an den Gesamtschulden spüren die Menschen die fiskalischen Engpässe ihrer Stadt oder Gemeinde mehr als deutlich. Eine hohe kommunale Verschuldung gepaart mit einer niedrigen Finanzkraft kann auf Dauer die Gleichwertigkeit der Lebensverhältnisse zwischen den Städten und Regionen einschränken. So werden Bäder und Theater geschlossen, Öffnungszeiten der Büchereien verkürzt, Schulen nicht saniert oder Zuschüsse für die Sportvereine gestrichen.

Immer mehr kommunalen Gebietskörperschaften fällt es schwer, trotz eines gewachsenen historischen fiskalischen Ausgleichssystems die Differenz zwischen Einnahmen und Ausgaben zu schließen. Ende 2010 wiesen die kommunalen Gebietskörperschaften rund 118 Mrd. Euro an Schulden einschließlich Extrahaushalte und Kassenkredite auf. 1998 waren es noch 16 Mrd. Euro weniger. Auch wenn dank der guten Konjunktur das kommunale Haushaltsdefizit in den ersten neun Monaten des Jahres 2011 bei 5,3 Mrd. Euro lag und damit knapp 4,6 Mrd. Euro niedriger ausfiel als im entsprechenden Vorjahreszeitraum, ist die Entlastung wohl kaum von Dauer.

Die kommunale Verschuldung ist durch hohe räumliche Konzentration und durch gravierende siedlungsstrukturelle Unterschiede geprägt. Die 20 % der Kreise und kreisfreien Städte mit der höchsten pro Kopf-Verschuldung 2009 vereinigen bereits 41 % des Schuldenvolumens auf sich. Vor allem die Großstädte der alten Länder sind durch weit überdurchschnittliche Verschuldungsgrade gekennzeichnet – Tendenz steigend. In den neuen Ländern können die kommunalen Gebietskörperschaften hingegen ihre Schuldenbelastungen abbauen.

Abbildung 22
Kommunale Schulden

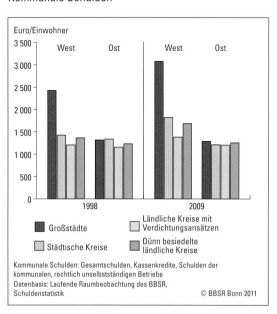

Kommunale Schulden: Gesamtschulden, Kassenkredite, Schulden der kommunalen, rechtlich unselbstständigen Betriebe
Datenbasis: Laufende Raumbeobachtung des BBSR, Schuldenstatistik   © BBSR Bonn 2011

Tabelle 23
Kommunale Schulden

	Kommunale Schulden in Euro je Einwohner						
	2009			1998		1998	2009
	Mittel	Minimum	Maximum	Mittel	Veränderung 1998 bis 2009	Bund = 100	
Bund	**1 902**	**95**	**7 620**	**1 552**	**22,6**	**100**	**100**
West	**2 038**	**214**	**7 620**	**1 623**	**25,6**	**113**	**107**
Kreisfreie Großstädte	3 078	396	7 620	2 427	26,8	119	162
Städtische Kreise	1 823	304	6 847	1 426	27,8	123	96
Ländliche Kreise mit Verdichtungsansätzen	1 383	214	7 476	1 206	14,6	65	73
Dünn besiedelte ländliche Kreise	1 685	323	4 387	1 365	23,4	104	89
Ost	**1 244**	**95**	**3 355**	**1 237**	**0,5**	**2**	**65**
Kreisfreie Großstädte	1 290	95	2 620	1 318	−2,1	−9	68
Städtische Kreise	1 212	840	2 100	1 339	−9,5	−42	64
Ländliche Kreise mit Verdichtungsansätzen	1 205	510	3 355	1 157	4,2	19	63
Dünn besiedelte ländliche Kreise	1 257	510	3 251	1 234	1,8	8	66

Kommunale Schulden: Schulden der Gemeinden und Gemeindeverbände einschl. Kassenkredite und Schulden der kommunalen, rechtlich unselbstständigen Betriebe

Quelle: Laufende Raumbeobachtung des BBSR, Schuldenstatistik

Karte 27
Kommunale Schulden

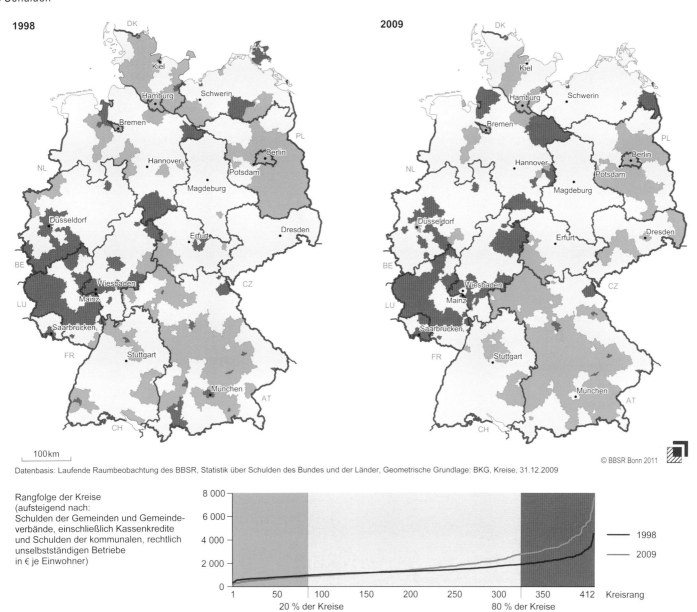

1998

2009

100 km

© BBSR Bonn 2011

Datenbasis: Laufende Raumbeobachtung des BBSR, Statistik über Schulden des Bundes und der Länder, Geometrische Grundlage: BKG, Kreise, 31.12.2009

Rangfolge der Kreise
(aufsteigend nach:
Schulden der Gemeinden und Gemeindeverbände, einschließlich Kassenkredite
und Schulden der kommunalen, rechtlich
unselbstständigen Betriebe
in € je Einwohner)

20 % der Kreise

80 % der Kreise

Kreisrang

— 1998
— 2009

4.2 Kommunaler Überziehungskredit wird zur Regel

■ Seit Beginn des neuen Jahrtausends rückt eine Form der kommunalen Verschuldung besonders in den Mittelpunkt des öffentlichen Interesses: der Kassenkredit. Denn immer weniger kommunale Gebietskörperschaften können die Differenz zwischen laufenden Einnahmen und Ausgaben ohne Defizit schließen. Die Kassenkredite hatten 2010 einen Umfang von 40 Mrd. Euro. Im Jahr 2000 waren es nur 6 Mrd. Euro. Ende 2010 machten die Kassenkredite im bundesdeutschen Durchschnitt mehr als ein Drittel der kommunalen Kreditmarktverschuldung aus. Tendenz steigend.

Bis Mitte der 1990er Jahre kam diesem Instrument noch jene Rolle zu, die es eigentlich hat: kurzfristige Sicherung der Zahlungsfähigkeit. Somit ist der Kassenkredit eher als Ausnahme denn als Regel als fiskalisches Instrument der Kämmerer eingeführt worden. Die Realität sieht anders aus: In vielen Städten, Gemeinden oder Landkreisen überragen die Kassenkredite gar die für die Investitionen aufgenommenen sogenannten fundierten Schulden. Insbesondere die Finanz- und Wirtschaftskrise hat mit ihrem Einbruch der Gewerbesteuer merklich zum sprunghaften Anstieg dieser Verschuldungsform geführt. Denn kurzfristige Einbrüche in der Einnahmebasis können nicht durch schnelle Sparmaßnahmen kompensiert werden. Damit einher gehen für die Kämmerer nahezu unkalkulierbare Risiken. Denn anders als die fundierten Schulden unterliegen die Kassenkredite in der Regel

einem Zinsänderungsrisiko. Jede Zinserhöhung führt zu erhöhten Zahlungsforderungen, die in einer prekären Finanzsituation wieder durch neue Kassenkredite gedeckt werden müssen. Ein Teufelskreis, aus dem sich viele Kommunen augenscheinlich nicht mehr selbst befreien können.

Der Kassenkredit ist also längst zu einem Indikator geworden, der die prekäre Finanzsituation der kommunalen Gebietskörperschaften deutlich macht. Insbesondere die Großstädte der alten Länder müssen sich den Risiken stark steigender Kassenkreditbestände stellen. 50 % der Kassenkredite entfallen auf 26 Städte, meist Großstädte. Deren Anteil an der Gesamtbevölkerung beträgt jedoch nur 12 %.

Abbildung 23
Kommunale Kassenkredite je Einwohner in Euro

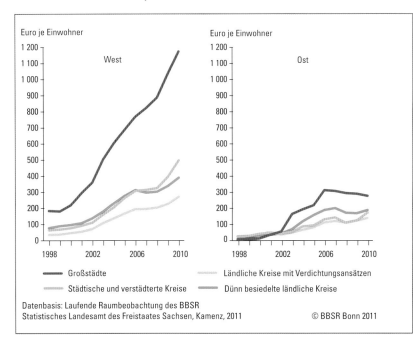

Datenbasis: Laufende Raumbeobachtung des BBSR
Statistisches Landesamt des Freistaates Sachsen, Kamenz, 2011   © BBSR Bonn 2011

Tabelle 24
Kommunale Kassenkredite

	Kommunale Kassenkredite je Einwohner in Euro				
	Durchschnitt 1998 bis 2000	Bund = 100	Durchschnitt 2008 bis 2010	Bund = 100	Maximum 2008 bis 2010
Bund	83,3	100,0	539,8	100,0	5 997
West	96,1	115,4	611,4	113,3	5 997
Kreisfreie Großstädte	193,6	232,4	1 173,1	217,3	5 997
Städtische Kreise	69,4	83,2	496,9	92,1	4 804
Ländliche Kreise mit Verdichtungsansätzen	39,5	47,4	271,2	50,2	4 739
Dünn besiedelte ländliche Kreise	87,4	104,9	389,2	72,1	3 106
Ost	25,8	31,0	189,2	35,0	1 793
Kreisfreie Großstädte	9,9	11,9	277,0	51,3	1 793
Städtische Kreise	30,2	36,3	172,1	31,9	599
Ländliche Kreise mit Verdichtungsansätzen	31,5	37,8	138,3	25,6	1 185
Dünn besiedelte ländliche Kreise	27,4	32,9	187,9	34,8	1 508

Quelle: Laufende Raumbeobachtung des BBSR, Statistisches Landesamt des Freistaates Sachsen, Kamenz, 2011

Karte 28
Kommunale Kassenkredite

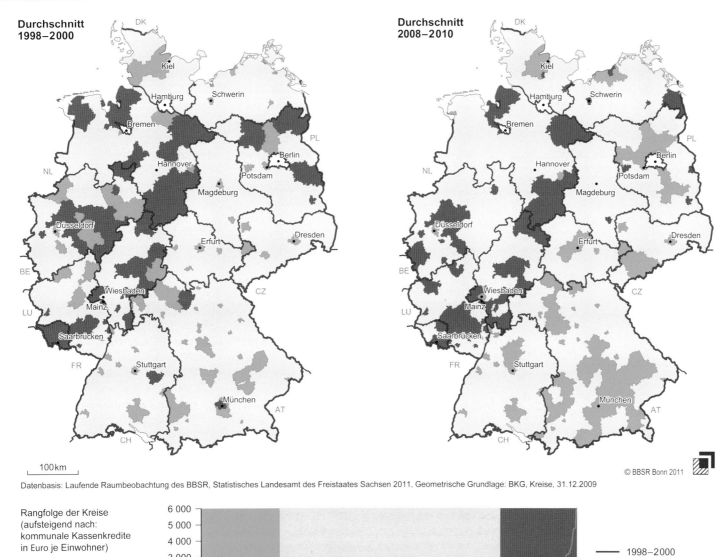

Durchschnitt
1998–2000

Durchschnitt
2008–2010

100km

© BBSR Bonn 2011

Datenbasis: Laufende Raumbeobachtung des BBSR, Statistisches Landesamt des Freistaates Sachsen 2011, Geometrische Grundlage: BKG, Kreise, 31.12.2009

Rangfolge der Kreise
(aufsteigend nach:
kommunale Kassenkredite
in Euro je Einwohner)

Hamburg, Bremen, Berlin:
keine Daten

1998–2000
2008–2010

20 % der Kreise
80 % der Kreise
Kreisrang

4.3 Kosten der Unterkunft – finanzielle Bürde für die Kommunen

■ Mittlerweile liegen zahlreiche empirische Länder-Studien zur Begründung der kommunalen Verschuldung vor. Es dürfte auf der Hand liegen, dass es mehrere Ursachen gibt: institutionell-rechtliche Faktoren, politische Bedingungen vor Ort und exogene Faktoren. Dazu zählen auch die Kosten der Unterkunft. Seit der Neustrukturierung der sozialen Sicherungssysteme in Deutschland zum 1. Januar 2005 übernehmen die Kommunen diese Leistung zu großen Anteilen. Ende 2010 beziehen insgesamt rund 3,3 Mio. Haushalte mit 6,3 Mio. Personen Leistungen dieser staatlichen Mindestsicherung. Hierzu zählen in erster Linie Bedarfsgemeinschaften, die Arbeitslosengeld II (SGB II)

erhalten. Hinzu kommen Empfänger von Sozialhilfe sowie sogenannte „Aufstocker", die ein unzureichendes eigenes Einkommen beziehen.

Welche konkreten Kosten am Ort für eine Wohnung als angemessen gelten und übernommen werden, entscheidet die Kommune. Somit definieren sie durchschnittlich für jeden neunten Haushalt in Deutschland die angemessene Höhe der übernahmefähigen Wohnkosten. Insgesamt lagen die Ausgaben für die Kosten der Unterkunft im Jahr 2010 bei rund 13,7 Mrd. Euro. Obwohl sich der Bund im Durchschnitt 2010 mit 23,6 % an diesen Kosten beteiligt, mussten

die Kämmerer immer noch einen Betrag von über 10 Mrd. Euro stemmen. Statistisch gesehen wurde somit im Durchschnitt jeder vierte Kassenkredit-Euro für die Kosten der Unterkunft benötigt.

Hinsichtlich der regionalen Verteilung gibt es ein starkes Stadt-Land-Gefälle. Insbesondere die Großstädte sind durch weit überdurchschnittliche pro Kopf-Ausgaben für die Kosten der Unterkunft belastet. Da die Arbeitslosigkeit in den neuen Ländern nach wie vor höher ist, sind die kommunalen Gebietskörperschaften dort stärkeren Belastungen pro Kopf ausgesetzt als in den alten Ländern.

Abbildung 24
Kosten der Unterkunft und Personen in Bedarfsgemeinschaften

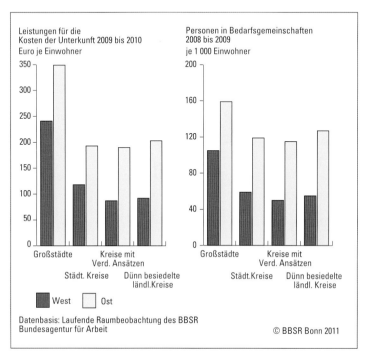

Tabelle 25
Kosten der Unterkunft und Personen in Bedarfsgemeinschaften

	Leistungen für Kosten der Unterkunft in Euro je Einwohner Einnahmen im Mittel der Jahre 2009 bis 2010				Personen in Bedarfsgemeinschaften im Mittel der Jahre 2008 bis 2010 je 1 000 Einwohner			
	Mittelwert	Bund = 100	Minimum	Maximum	Mittelwert	Bund = 100	Minimum	Maximum
Bund	165	100	19	406	83	100	12	187
West	143	87	19	365	70	84	12	187
Kreisfreie Großstädte	241	146	91	365	105	127	46	187
Städtische Kreise	118	72	30	296	59	72	14	141
Ländliche Kreise mit Verdichtungsansätzen	87	53	19	311	50	60	12	149
Dünn besiedelte ländliche Kreise	92	56	30	251	55	66	20	130
Ost	252	153	83	406	135	163	63	181
Großstädte	349	211	176	406	159	192	94	174
Städtische Kreise	193	117	141	267	119	143	96	147
Ländliche Kreise mit Verdichtungsansätzen	190	115	91	332	115	139	68	171
Dünn besiedelte ländliche Kreise	203	123	83	320	127	153	63	181

Quelle: Laufende Raumbeobachtung des BBSR, Bundesagentur für Arbeit, eigene Berechnungen des BBSR, fehlende Werte auf Basis Durchschnitts der Raumordnungsregion (ROR) geschätzt (Ausnahme ROR München ohne Stadt München)

Karte 29
Kosten der Unterkunft

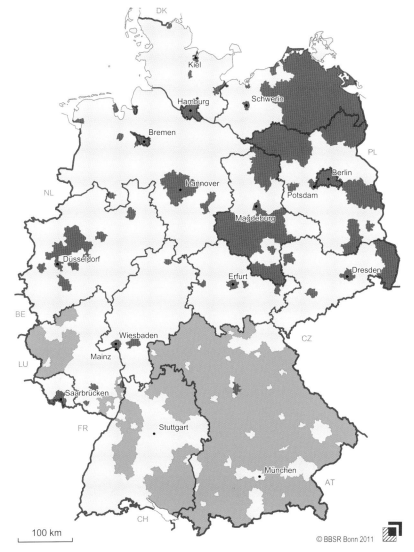

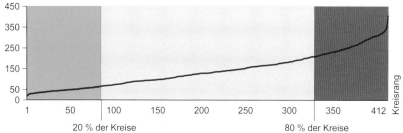

Rangfolge der Kreise
(aufsteigend nach: Leistungen für Kosten der
Unterkunft in Euro je Einwohner 2009–2010)

100 km

© BBSR Bonn 2011

Datenbasis: Laufende Raumbeobachtung des BBSR, Bundesagentur für Arbeit, eigene Berechnungen des BBSR
Geometrische Grundlage: BKG, Kreise, 31.12.2009

5 Demokratische Defizite

5 Demokratische Defizite

■ „Alle Staatsgewalt geht vom Volke aus. Sie wird vom Volke in Wahlen und Abstimmungen und durch besondere Organe der Gesetzgebung, der vollziehenden Gewalt und der Rechtsprechung ausgeübt." Das Wahlrecht auszuüben ist nach Artikel 20 des Grundgesetzes das zentrale Instrument in der Demokratie – aber immer weniger Bürgerinnen und Bürger machen davon Gebrauch. Die Gründe dafür sind vielfältig. Sie zeigen aber: Demokratie muss gelebt leben.

Bei nicht wenigen Wahlen in Stadt und Land ist die „Partei der Nichtwähler" die größte „Partei". Vor Jahrzehnten galt die Wahl noch als Bürgerpflicht. Zu Beginn der 70er Jahre beteiligten sich noch über 90 % der wahlberechtigten Bürgerinnen und Bürger in Westdeutschland an der Bundestagswahl. Bei der ersten gesamtdeutschen Wahl waren es nur noch rund 78 %. 2009 wurde mit 72,2 % ein historischer Tiefstand erreicht.

Nichtwahl ist eine passive Form, Unzufriedenheit auszudrücken; Protestwahl eine aktive. Noch ist für viele die Wahl-Abstinenz das geeignete Mittel, der Parteiendemokratie eine Absage zu erteilen. 31 Kreise gehören bei den letzten fünf Bundestagswahlen zu den Regionen mit dem höchsten Nichtwähleranteil. Dieser „harte Kern" besteht zumeist aus ländlichen Kreisen Ostdeutschlands.

Dass sich auch im 21. Jahrhundert die Wählerinnen und Wähler sensibilisieren und mobilisieren lassen, zeigt eindrucksvoll das Thema Atomausstieg. Dennoch: Die demokratischen Parteien und Parteienforscher sind aufgerufen, die Hintergründe und Ursachen für diese gesellschaftlich problematische Entwicklung umfassend zu ergründen und Lösungswege aufzuzeigen. Folge einer geringen Wahlbeteiligung ist nicht selten der Einzug rechtsextremer Parteien in die Parlamente auf kommunaler Ebene und bei Landtagswahlen. Ein Ergebnis, das zur Sorge in Europa und in der Welt beiträgt. Regionale Besonderheiten in Form von dauerhaft geringer Wahlbeteiligung oder eines vergleichsweise hohen Aufkommens von Wählerstimmen für rechtsextreme Parteien kön-

Der Gang ins Wahllokal – längst keine Selbstverständlichkeit
(Foto: © Alexander Hauk/pixelio.de)

nen Ausgangspunkt für Gegenstrategien sein. Auch der Einfluss rechtsextremer Kameradschaften darf mit Blick auf manche Wahlerfolge rechtsextremer Parteien nicht unterschätzt werden.

5.1 Enttäuscht oder gleichgültig – Nichtwähler

■ Freie, allgemeine, gleiche und geheime Wahlen sind für eine demokratisch verfasste Gesellschaft wesentlich. Das Grundgesetz garantiert diese in Art. 38. Der Entzug des Wahlrechts – etwa durch Richterbeschluss – ist ein tiefer Eingriff in die Persönlichkeitsrechte und kann nur in eng begrenzten Ausnahmefällen erfolgen. Zur Wahl zu gehen oder nicht ist dagegen eine freie Entscheidung jedes Einzelnen. Die Gründe für die Wahl-Abstinenz sind unterschiedlich:

Desinteresse an Politik, allgemeine Politikverdrossenheit oder fehlende Optionen im Spektrum der politischen Parteien sind einige.

Hohe Nichtwählerquoten sind alarmierend, da sich offensichtlich bei größeren Personengruppen ein hohes Maß an Unzufriedenheit aufgebaut hat. 31 Kreise gehören bei allen fünf Bundestagswahlen dem oberen Quintil, d. h. dem Fünftel der Kreise mit dem höchs-

ten Nichtwähleranteil an. Dieser „harte Kern" besteht zumeist aus ländlichen Kreisen Ostdeutschlands. Umgekehrt lässt sich festhalten, dass 271 westdeutsche Kreise bei keiner der fünf Wahlen in die Gruppe mit den höchsten Nichtwähleranteilen vorgedrungen sind. In Ostdeutschland trifft dies nur für sieben Kreise zu.

Abbildung 25
Nichtwähler bei Bundestagswahlen

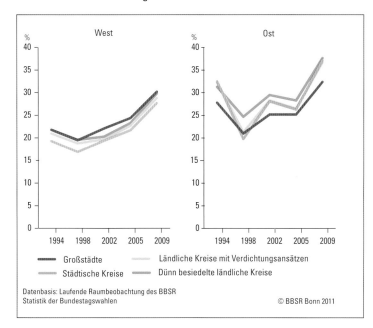

Datenbasis: Laufende Raumbeobachtung des BBSR
Statistik der Bundestagswahlen   © BBSR Bonn 2011

Tabelle 26
Nichtwähler bei Bundestagswahlen

	Nichtwähler je 100 Wahlberechtigte (Bundestagswahl)						
	Durchschnitt 1994	Index Bund = 100 1994	Durchschnitt 2009	Index Bund = 100 2009	Entwicklung der Zahl der Nichtwähler 1994 bis 2009 in %	Anteil Nichtwähler 2009 Minimum	Maximum
Bund	22,7	100,0	30,2	100,0	36,9	20,4	44,6
West	20,5	90,2	28,8	95,1	45,6	20,4	40,7
Großstädte	21,8	96,1	30,2	100,0	36,3	22,9	37,4
Städtische Kreise	19,3	84,9	27,7	91,6	51,8	20,4	36,6
Ländliche Kreise mit Verdichtungsansätzen	21,0	92,3	28,8	95,2	46,6	23,6	38,4
Dünn besiedelte ländliche Kreise	21,8	95,9	29,8	98,5	43,3	25,9	40,7
Ost	30,5	134,0	35,6	117,8	16,5	29,5	44,6
Großstädte	27,8	122,3	32,4	107,1	14,3	29,5	39,9
Städtische Kreise	32,5	143,1	37,2	122,9	7,5	32,8	42,3
Ländliche Kreise mit Verdichtungsansätzen	32,3	142,1	36,7	121,5	14,1	30,4	44,6
Dünn besiedelte ländliche Kreise	31,3	137,8	37,7	124,7	22,9	30,2	43,3

Quelle: Laufende Raumbeobachtung des BBSR, Statistik der Bundestagswahlen

Karte 30
Nichtwähler bei Bundestagswahlen

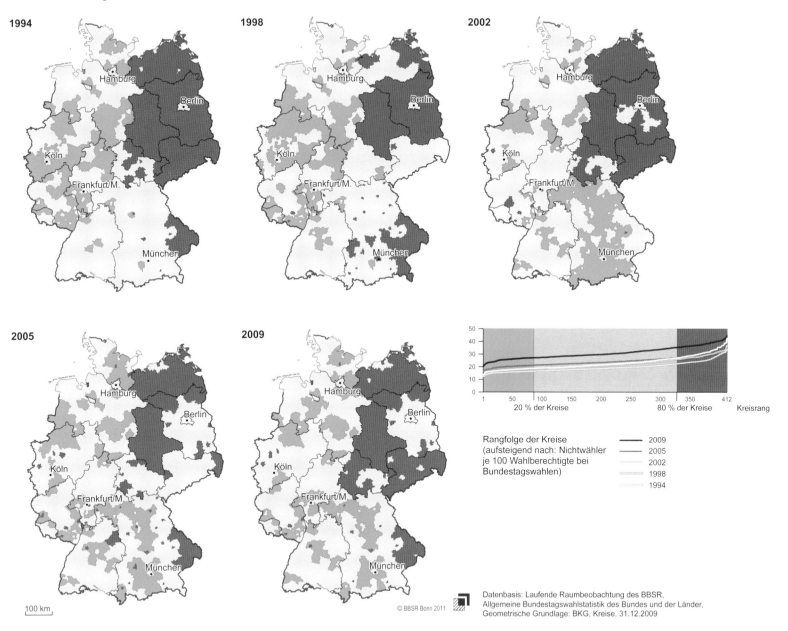

1994

1998

2002

2005

2009

50
40
30
20
10
0

1   50   100   150   200   250   300   350   412
20 % der Kreise   80 % der Kreise   Kreisrang

Rangfolge der Kreise
(aufsteigend nach: Nichtwähler
je 100 Wahlberechtigte bei
Bundestagswahlen)

——— 2009
——— 2005
········ 2002
········ 1998
········ 1994

100 km

© BBSR Bonn 2011

Datenbasis: Laufende Raumbeobachtung des BBSR,
Allgemeine Bundestagswahlstatistik des Bundes und der Länder,
Geometrische Grundlage: BKG, Kreise, 31.12.2009

5.2 Rechtsextreme Parteien – Ostdeutschland im Blick

■ Politischer Extremismus ist darauf ausgerichtet, die bestehende demokratische Ordnung zu überwinden. An den Rändern des politischen Spektrums finden sich extremistische Parteien, die regelmäßig an Wahlen zum deutschen Bundestag teilnehmen. Dabei ist es trotz aller Konkurrenz untereinander rechtsextremistischen Parteien gelungen, Strukturen aufzubauen, die „Protestwählern" eine Basis geben, um ihre Unzufriedenheit auszudrücken. Auch wenn es rechtsextremen Parteien auf Bundesebene bisher nicht gelungen ist, nennenswerte Wahlerfolge zu erzielen, konnten rechtsextreme Parteien auf kommunaler Ebene und bei Landtagswahlen – auch aufgrund geringer Wahlbeteiligungen – in die Parlamente einziehen.

Abbildung 26
Ausländeranteil und Wahlergebnis rechter Parteien bei der Bundestagswahl 2009

Das Bundesamt für Verfassungsschutz zählt zu den rechtsextremen Parteien unter anderem die NPD, DVU und Republikaner. Die Stimmenanteile der als rechtsextrem eingestuften Parteien schwanken zwischen 1 % (Bundestagswahl 2002) und 3,6 % (1998). Die regionale Verteilung der Kreise mit hohen und niedrigen Zweitstimmenanteilen für rechtsextreme Parteien zeigt ein deutliches Ost-West-Gefälle: Während sich in Nordrhein-Westfalen, Niedersachsen und Schleswig-Holstein flächendeckend Kreise mit sehr niedrigen Zweitstimmenanteilen für rechtsextreme Parteien finden, ist in den neuen Ländern mit Ausnahme von Berlin und Sachsen-Anhalt das gegenteilige Muster feststellbar. 1994 war dies noch nicht der Fall, was auf eine Verfestigung von Einstellungen hindeutet. Die drei Kreise mit konstant hohen Zweitstimmen-

anteilen für rechtsextreme Parteien bei allen fünf Bundestagswahlen finden sich allerdings in Westdeutschland (zwei in Rheinland-Pfalz, einer in Bayern).

Auf die Frage nach den Ursachen für Rechtsextremismus wird oft Ausländerfeindlichkeit als eine wichtige Ursache genannt. Die Empirie zeigt ein anderes Bild. So wählen viele gerade in jenen Regionen rechts, in denen kaum Ausländer wohnen. Dies trifft besonders auf die Kreise in Ostdeutschland zu. In Westdeutschland ist der Zusammenhang sogar negativ. Hohe Ausländeranteile gehen mit geringen Wahlerfolgen rechtsextremer Parteien einher. Anscheinend ist das nachbarschaftliche Zusammenleben zwischen Deutschen und Ausländern förderlich für ein gegenseitiges Verständnis.

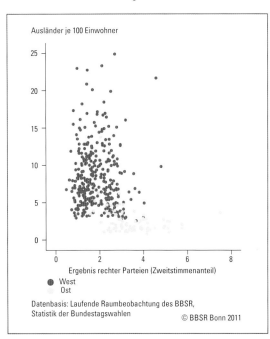

Ausländer je 100 Einwohner

Ergebnis rechter Parteien (Zweitstimmenanteil)
● West
  Ost
Datenbasis: Laufende Raumbeobachtung des BBSR, Statistik der Bundestagswahlen
© BBSR Bonn 2011

Tabelle 27
Rechtsextreme Parteien bei Bundestagswahlen

	Zweitstimmenanteil für rechtsextreme Parteien bei Bundestagswahlen in %						
	1994	1998	2002	2005	2009	Mimimum 2009	Maximum 2009
Bund	1,8	3,6	1,0	2,2	2,0	0,5	7,5
West	2,0	3,1	0,9	1,7	1,7	0,5	4,8
Kreisfreie Großstädte	1,9	2,9	0,8	1,4	1,5	0,5	4,6
Städtische Kreise	2,0	3,2	0,9	1,7	1,7	0,7	3,6
Ländliche Kreise mit Verdichtungsansätzen	2,1	3,4	1,0	2,1	2,0	0,8	4,8
Dünn besiedelte ländliche Kreise	2,0	2,8	0,8	2,0	1,9	0,7	4,0
Ost	1,4	5,2	1,6	3,6	3,3	1,6	7,5
Kreisfreie Großstädte	1,4	4,6	1,3	2,4	2,3	1,6	3,1
Städtische Kreise	1,4	5,6	2,2	4,8	3,8	2,1	5,2
Ländliche Kreise mit Verdichtungsansätzen	1,3	5,7	1,9	4,7	4,0	2,3	5,8
Dünn besiedelte ländliche Kreise	1,3	5,2	1,5	3,8	3,7	2,2	7,5

Quelle: Laufende Raumbeobachtung des BBSR, Statistik der Bundestagswahlen

Karte 31
Rechtsextreme Parteien

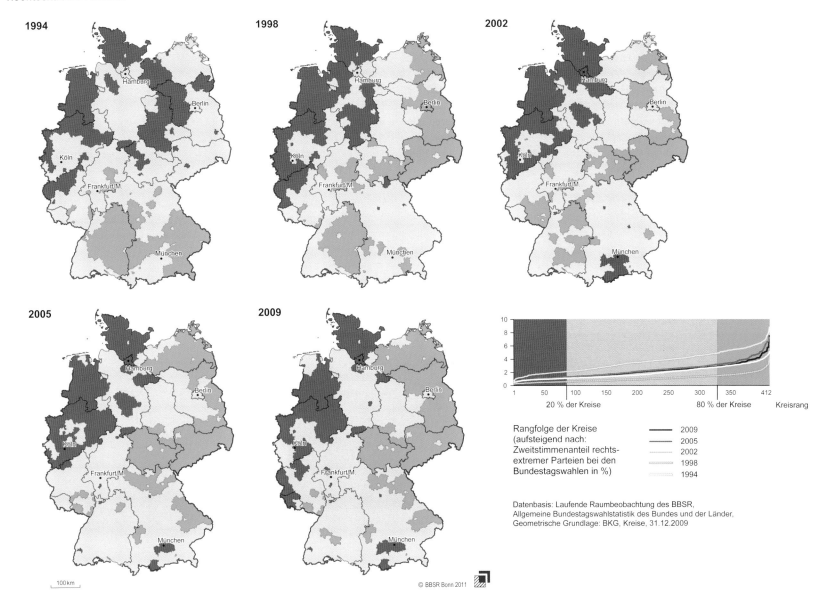

© BBSR Bonn 2011

Rangfolge der Kreise
(aufsteigend nach:
Zweitstimmenanteil rechtsextremer Parteien bei den
Bundestagswahlen in %)

— 2009
— 2005
----- 2002
----- 1998
----- 1994

Datenbasis: Laufende Raumbeobachtung des BBSR,
Allgemeine Bundestagswahlstatistik des Bundes und der Länder,
Geometrische Grundlage: BKG, Kreise, 31.12.2009

5.3 Rechtsextreme Kameradschaften

■ Extremismus gefährdet den gesellschaftlichen Zusammenhalt und die Demokratie. Nach Angaben des Bundesministeriums des Inneren wurden im Jahre 2010 16 375 rechtsextreme und 6 898 linksextreme politisch motivierte Straftaten gezählt. Daneben versucht insbesondere die rechtsextreme Szene etwa durch die Übernahme von Ehrenämtern in Sportvereinen oder als Schöffen rechtes Gedankengut in die Gesellschaft zu tragen, auch wenn nicht wenige Initiativen gegen Rechts dem Einhalt gebieten.

Rechtsextreme Kameradschaften und der Wahlerfolg rechtsextremer Parteien sind zwei Indikatoren, um die regionale Ausprägung des rechten Gedankengutes zu erfassen. Während die Wahlstatistik eindeutige Ergebnisse liefert, gibt es keine offiziellen und umfassenden Zusammenstellungen zu rechtsextremen Kameradschaften. Auf Basis von Internetrecherchen kann jedoch eine Momentaufnahme gezeigt werden, da die Kameradschaftsszene durch kontinuierliche Veränderungen geprägt ist. Vereinigungen lösen sich auf, fusionieren, werden unter einem neuen Namen oder ganz neu gegründet. Dies zeigt auch das Bundesministerium des Inneren anhand der rechtsextremen Internetseiten auf: Etwa ein Viertel aller entsprechenden Seiten wurde im Laufe des Jahres 2010 eingestellt, aber ebenso viele neue kamen hinzu. Daher wurde im Juni 2011 in jedem Einzelfall geprüft, ob eine Vereinigung besteht. Als Indiz dafür galten Internetpräsenzen mit zeitnahen Einträgen oder Zeitungsartikel im Internet über Aktivitäten der Kameradschaften, die nicht länger als zwei Jahre zurücklagen. Insofern stellt die Zusammenstellung eine Annäherung an die Szene dar, ohne den Anspruch auf Tagesaktualität erfüllen zu können.

Rechtsextreme Kameradschaften, so genannte Freie Kräfte oder Autonome Nationalisten, gibt es in allen Teilen Deutschlands, wenngleich eine gewisse Häufung in der nördlichen und östlichen Landeshälfte auffällt. Dabei ist aber auch zu beachten, dass beispielsweise in Rheinland-Pfalz sich einzelne Kameradschaften zu so genannten Aktionsbündnissen zusammengeschlossen haben und unter einem gemeinsamen Dach firmieren. Daher ist es dort schwierig, die tatsächliche Zahl und ihre räumliche Verteilung innerhalb dieses Bundeslandes zu ermitteln. Vergleichbare Informationen zu den Mitgliederstärken der Kameradschaften in Deutschland existieren nicht. Somit lassen sich keine Größenunterschiede feststellen.

Vielerorts zeigt die Zivilgesellschaft Gesicht gegen Rechts – wie in Bad Nenndorf bei einem Aufmarsch von Rechtsextremisten am 6. August 2011. (Foto: © Bad Nenndorf ist bunt – Bündnis gegen Rechtsextremismus)

Karte 32
Rechtsextreme Kameradschaften

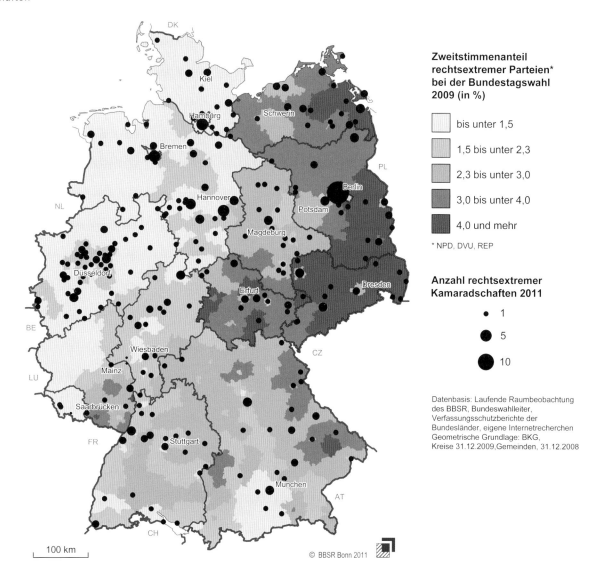

**Zweitstimmenanteil
rechtsextremer Parteien*
bei der Bundestagswahl
2009 (in %)**

bis unter 1,5

1,5 bis unter 2,3

2,3 bis unter 3,0

3,0 bis unter 4,0

4,0 und mehr

* NPD, DVU, REP

**Anzahl rechtsextremer
Kamaradschaften 2011**

● 1

● 5

● 10

Datenbasis: Laufende Raumbeobachtung
des BBSR, Bundeswahlleiter,
Verfassungsschutzberichte der
Bundesländer, eigene Internetrecherchen
Geometrische Grundlage: BKG,
Kreise 31.12.2009,Gemeinden, 31.12.2008

100 km

© BBSR Bonn 2011

6 Orte mit besonderen Gesundheits- und Umweltrisiken

6 Orte mit besonderen Gesundheits- und Umweltrisiken

◼ Wir alle sind Zeit unseres Lebens Gesundheits- und Umweltrisiken ausgesetzt – seien es menschgemachte wie Verkehrsunfälle, Lärmbelastungen und Kriminalität oder Naturgewalten wie Stürme und Hochwasser.

Welchen Beitrag der Mensch an diesen Naturkatastrophen hat, darüber wird heftig gestritten. Die Ereignisse haben gemein, dass sie räumlich konzentriert auftreten und eine große öffentliche Aufmerksamkeit erhalten. Dabei darf nicht übersehen werden, welche alltäglichen Gesundheits- und Umweltrisiken unser Leben beeinflussen. Stichwort Lärm: Er schränkt die Lebensqualität vieler Menschen ein. Hauptursachen sind Kraftfahrzeuge, Eisenbahnen, Flugzeuge, aber auch Industrie- und Gewerbeanlagen. Immerhin gaben in einer (nicht repräsentativen) Umfrage des Umweltbundesamtes im Jahr 2010 55 % der Befragten an, sich in ihrem Wohnumfeld durch Straßenverkehr gestört oder belästigt zu fühlen, 11 % fühlten sich sogar „äußerst" oder „stark belästigt". Grundsätzlich bedeuten hohe Lärmbelastungen auch erhebliche Gesundheitsrisiken, vor allem für das Herz-Kreislauf-System. Diese Gesundheitsrisiken sind meist schleichend.

Ganz anders sieht es aus, wenn unplanbare Ereignisse das Leben schlagartig verändern. Wer kennt nicht Meldungen von groben Körperverletzungen und schweren Verkehrsunfällen? Während die Verkehrsunfälle insgesamt in ihrer Anzahl über die Zeit abnehmen – Ausnahme 2011 – stieg die Zahl der Körperverletzungsdelikte zwischen 2003 und 2010 an. Wurden im Jahre 2003 rund 468 000 Körperverletzungen gemeldet, davon rund 133 000 Fälle als gefährliche und schwere Körperverletzung eingestuft, wurden 2010 rund 544 000 Körperverletzungen gezählt, von denen wiederum 143 000 Fälle gefährlich und schwerwiegend waren. Auch wenn die Zahlen in der jüngsten Vergangenheit zurückgehen, ist das Niveau gesellschaftspolitisch nicht tolerabel. Insbesondere in vielen Großstädten ist die Gewaltbereitschaft hoch.

Immer mehr Extremwetter – Hochwasser am Rhein
(Foto: © Erich Bals/pixelio.de)

6.1 Stressfaktor Schienenverkehrslärm

■ Auf die Frage, wo würden die Menschen am liebsten wohnen, haben 2010 laut der Bevölkerungsumfrage des BBSR noch nie so viele geantwortet: Auf dem Land. Dies mag auch damit zusammenhängen, dass die Lärmbelastung in Deutschland, insbesondere in den Städten, in den letzten Jahrzehnten deutlich zugenommen hat. Lärm ist eine der am stärksten empfundenen Umweltbeeinträchtigungen. Dies geht auch aus einer Bevölkerungsumfrage des Umweltbundesamtes zum „Umweltbewusstsein in Deutschland 2010" hervor. Als Lärm werden generell Schallereignisse bezeichnet, die durch ihre Lautstärke und Struktur für den Menschen und die Umwelt gesundheitsschädigend oder störend bzw. belastend wirken. Gesundheitsgefährdungen sind bei einer dauerhaften Belastung von mehr als 65 Dezibel nachweisbar. Hauptverursacher ist der motorisierte Straßenverkehr.

Im Jahr 2002 trat die Umgebungslärmrichtlinie der EU in Kraft, um den Umgebungslärm europaweit zu erfassen und zu bekämpfen. Diese wurde 2005 mit einer Änderung des Bundesimmissionsschutzgesetzes (BImSchG) in deutsches Recht umgesetzt. Die Richtlinie sieht neben der Ermittlung der Belastung durch Umgebungslärm anhand von Lärmkarten und deren Veröffentlichung zur Information der Öffentlichkeit die Erarbeitung von Lärmaktionsplänen auf Grundlage der Ergebnisse vor. Die Aktionspläne haben das Ziel, den Umgebungslärm soweit erforderlich zu verhindern bzw. zu mindern. Die Lärmkartierung wird in Stufen vollzogen.

Die erste Stufe der Lärmkartierung bis zum 30. Juni 2007 umfasste

- alle Ballungsräume mit mehr als 250 000 Einwohnern (27),
- Hauptverkehrsstraßen mit einem Verkehrsaufkommen von mehr als 6 Mio. Kraftfahrzeugen pro Jahr (17 000 km),
- Haupteisenbahnstrecken mit einem Verkehrsaufkommen von mehr als 60 000 Zügen pro Jahr und
- Großflughäfen mit mehr als 50 000 Bewegungen pro Jahr (9).

Für den Schienenverkehr wurde entsprechend der Erfassungskriterien nur ein Teil des Netzes in dieser ersten Stufe kartiert, so dass sich in der Gesamtschau ein unvollständiger Netzeindruck ergibt. Insgesamt wurden für ca. 7 425 km Strecke Lärmkarten erstellt.

Entscheidend für die Interpretation der Karte ist, dass somit auch nur für einen Bruchteil der Gemeinden die Betroffenheit durch Schienenlärm erfasst wurde. In den Gemeinden entlang der kartierten Strecken zeigen die Ergebnisse eine hohe Lärmbetroffenheit. Zur Beschreibung für die allgemeine Lärmbelästigung wird der Tag-Abend-Nacht-Index LDEN ab 55 Dezibel verwendet, ein 24-Stunden-Mittelungspegel. In mehr als 40 Prozent der Gemeinden, für die Betroffenenzahlen ermittelt werden konnten, sind über ein Fünftel der Einwohner von Schienenlärm (LDEN ab 55 Dezibel) betroffen. Besonders laut ist es entlang der Rheinschiene sowie an der Nord-Süd-Strecke von Hamburg über Hannover in Richtung München. In Großstädten und deren Umland, in der die Anzahl der von Schienenlärm betroffenen Einwohner absolut am höchsten ist, relativiert die hohe Einwohnerzahl den Anteil der Betroffenen. In einer zweiten Stufe wird die Lärmkartierung bis zum 30. Juni 2012 erweitert.

Karte 33

Von Schienenlärm betroffene Einwohner

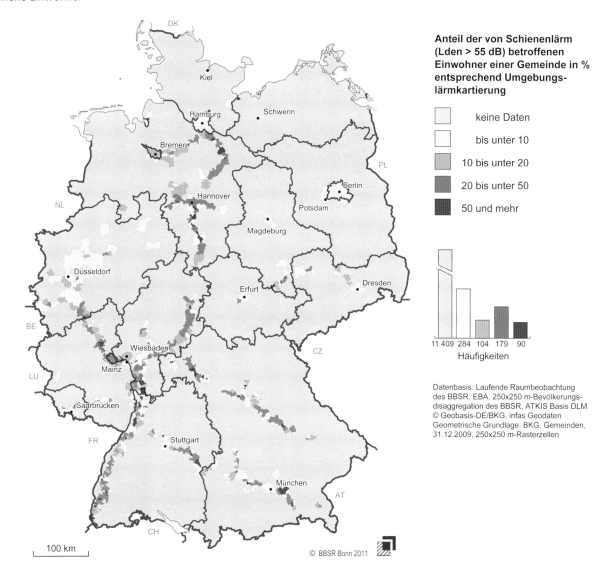

Anteil der von Schienenlärm (Lden > 55 dB) betroffenen Einwohner einer Gemeinde in % entsprechend Umgebungslärmkartierung

- keine Daten
- bis unter 10
- 10 bis unter 20
- 20 bis unter 50
- 50 und mehr

Häufigkeiten

11.409 284 104 179 90

Datenbasis: Laufende Raumbeobachtung
des BBSR, EBA, 250x250 m-Bevölkerungs-
disaggregation des BBSR, ATKIS Basis DLM
© Geobasis-DE/BKG, infas Geodaten
Geometrische Grundlage: BKG, Gemeinden,
31.12.2009, 250x250 m-Rasterzellen

100 km

© BBSR Bonn 2011

6.2 Verkehrsunfälle – einer ist schon zuviel

■ Jeder Verkehrsunfall mit Verletzten und Getöteten ist ein Unfall zu viel. Die Zahl der Verunglückten bei Verkehrsunfällen ist in den letzten Jahrzehnten stetig gesunken. 1970 hatte die Statistik noch 600 000 Verunglückte gezählt. Seit 2002 liegt die Zahl unter 500 000. Tendenz weiter sinkend. 2010 verunglückten etwa 375 000 Personen. Gleichzeitig ist auch die Zahl

der bei Verkehrsunfällen Getöteten drastisch gesunken. Waren es 1970 noch über 20 000, mussten 2011 noch rund 3 900 Unfalltote beklagt werden. Dabei ist hervorzuheben, dass sich das Fahrzeugaufkommen im selben Zeitraum verdoppelte. Die sicherheitstechnische Ausstattung der Fahrzeuge und die Sicherheit der Verkehrswege haben sich stark verbessert. Auch

Fortschritte in der intensivmedizinischen Versorgung sind für die sinkende Zahl der Verkehrstoten über diese lange Zeit verantwortlich.

Bei der räumlichen Verteilung der Verkehrsunfälle mit Personenschaden gibt es ein Land-Stadt-Gefälle, besonders bei Unfällen mit Todesfolge. Die wenigsten dieser Unfälle ereignen sich in den Großstädten. Der Großteil der Unfälle passiert in den dünn besiedelten ländlichen Kreisen. Besonders betroffen ist Bayern. Vergleicht man die beiden untersuchten Zeiträume der Jahre 1998 bis 2000 und 2007 bis 2009, fällt besonders der Unfallrückgang im Osten auf, während die regionalen Unfallschwerpunkte im Westen ungefähr gleich geblieben sind. Die Unfallhäufigkeit im ländlichen Raum geht auf verschiedene Gefahrenquellen zurück, die in Städten in geringerem Maße oder gar nicht erst vorhanden sind: kurvenreiche Straßen, auf denen hohe Geschwindigkeiten gefahren werden, Alleen oder überholender Gegenverkehr.

Abbildung 27
Personenschäden bei Verkehrsunfällen

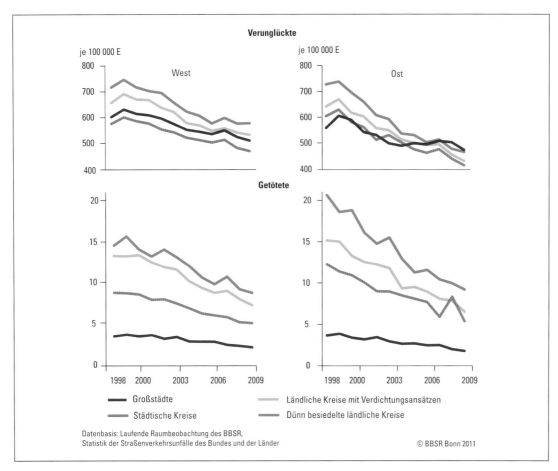

Mahnung am Straßenrand – zu schnelles Fahren ist eine der Hauptursachen für tödliche Verkehrsunfälle
(Foto: © Deutscher Verkehrssicherheitsrat e. V., Bonn)

Karte 34
Verkehrsunfälle

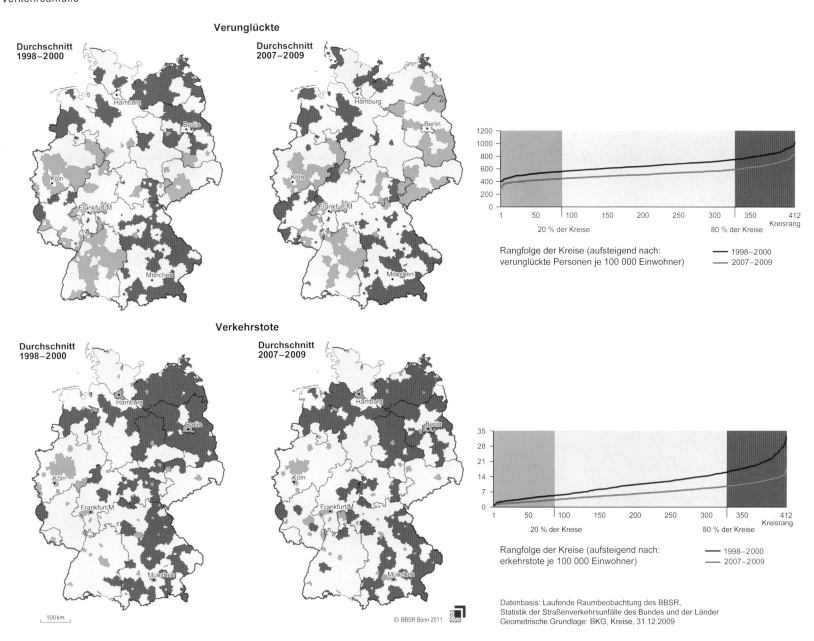

Verunglückte

Durchschnitt
1998–2000

Durchschnitt
2007–2009

20 % der Kreise   80 % der Kreise
Kreisrang

Rangfolge der Kreise (aufsteigend nach: — 1998–2000
verunglückte Personen je 100 000 Einwohner)   — 2007–2009

Verkehrstote

Durchschnitt
1998–2000

Durchschnitt
2007–2009

20 % der Kreise   80 % der Kreise
Kreisrang

Rangfolge der Kreise (aufsteigend nach: — 1998–2000
erkehrstote je 100 000 Einwohner)   — 2007–2009

100 km

© BBSR Bonn 2011

Datenbasis: Laufende Raumbeobachtung des BBSR,
Statistik der Straßenverkehrsunfälle des Bundes und der Länder
Geometrische Grundlage: BKG, Kreise, 31.12.2009

6.3 „Angsträume" – Körperverletzungen durch Straftaten

■ Persönliche Sicherheit ist ein Grundbedürfnis. Die Wahl des Wohnortes und der Gegenden, wo man sich zum Einkaufen oder zur Freizeitgestaltung aufhält, wird stark davon beeinflusst, ob man sich dort sicher fühlt. Besonders in Städten lassen sich aber Orte, die als bedrohlich oder gefährlich empfunden werden, nicht immer vermeiden. Man stößt hier häufig auf so genannte „Angsträume", z.B. in Parkhäusern, Tiefgaragen, Unterführungen, U-Bahn-Stationen oder Bahnhöfen. Sie können bedrohlich wirken, weil sie leer sind, oder weil sich dort Gruppen aufhalten, von denen eine vermeintliche oder tatsächliche Bedrohung ausgeht. Insbesondere dann, wenn Alkohol, Pöbeleien oder Randalieren im Spiel sind.

Die Gewaltbereitschaft in der Gesellschaft steigt: Die Zahl der Straftaten ist von 2003 bis 2009 zwar um ca. 8 % gesunken, die Zahl der Körperverletzungsdelikte im gleichen Zeitraum aber um 16 % auf etwa 550 000 gemeldete Fälle gestiegen. Rund ein Viertel der Taten geschieht unter Alkoholeinfluss, und fast jede zweite Körperverletzung wird von mehreren Tätern gemeinsam begangen. 80 % der Täter sind männlich. Männer fallen diesen Delikten auch häufiger zum Opfer als Frauen. Vier von fünf Tätern haben zudem einen deutschen Pass.

Die Tatorte von Körperverletzungen finden sich überwiegend in den Großstädten mit über 100 000 Einwoh-

nern, im Osten mit leicht stärkerer Ausprägung als im Westen. Besonders in Süddeutschland finden sich im unmittelbaren Umland der Großstädte städtisch geprägte Landkreise mit verhältnismäßig geringer Gewaltkriminalität. Das räumliche Muster ist im Jahr 2009 gegenüber 2003 in etwa gleich geblieben. Zu beachten ist bei statistischen Auswertungen zur Kriminalität immer, dass der Tatort des Deliktes nicht unbedingt auch der Wohnort des Täters sein muss. Hinzu kommt, dass es sich ausschließlich um gemeldete Fälle handelt.

Abbildung 28
Gemeldete Körperletzungen

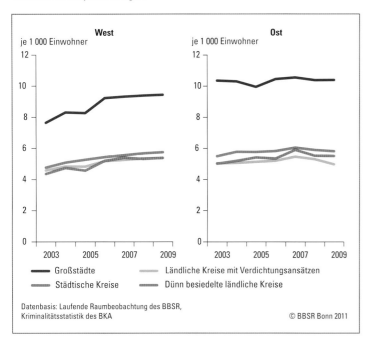

Datenbasis: Laufende Raumbeobachtung des BBSR, Kriminalitätsstatistik des BKA

© BBSR Bonn 2011

Tabelle 28
Gemeldete Körperverletzungen

	Gemeldete Körperverletzungen je 1 000 Einwohner						
	Durchschnitt 2003 bis 2005	Index 2003/2005: Bund = 100	Durchschnitt 2007 bis 2009	Index 2007/2009: Bund = 100	Entwicklung Zahl der Delikte in % 2003 bis 2009	Minimum 2007 bis 2009	Maximum 2007 bis 2009
Bund	5,9	100,0	6,7	100,0	13,3	2,3	19,8
West	5,6	94,7	6,5	97,1	22,3	2,3	19,8
Großstädte	8,1	137,6	9,4	141,1	24,7	5,1	14,4
Städtische Kreise	4,6	77,7	5,4	80,8	23,0	2,6	14,0
Ländliche Kreise mit Verdichtungsansätzen	4,8	81,1	5,3	80,2	16,1	2,3	19,8
Dünn besiedelte ländliche Kreise	5,0	85,9	5,7	85,1	18,6	2,5	13,0
Ost	7,1	120,4	7,4	110,8	0,1	3,0	12,9
Großstädte	10,2	173,8	10,4	157,0	2,2	4,9	12,9
Städtische Kreise	5,2	88,8	5,7	85,0	2,3	3,0	9,7
Ländliche Kreise mit Verdichtungsansätzen	5,1	86,5	5,3	79,1	−6,8	3,5	10,6
Dünn besiedelte ländliche Kreise	5,7	96,8	5,9	89,0	-0,1	4,0	12,8

Quelle: Laufende Raumbeobachtung des BBSR, Kriminalitätsstatistik des BKA

Karte 35
Gemeldete Körperverletzungen

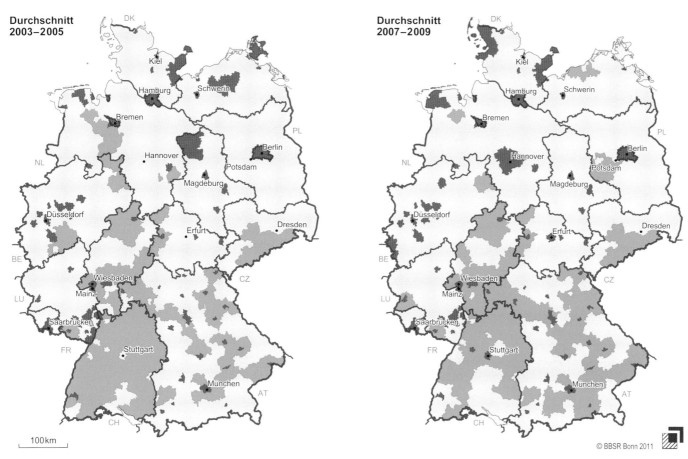

Durchschnitt 2003–2005

Durchschnitt 2007–2009

100 km

© BBSR Bonn 2011

Datenbasis: Laufende Raumbeobachtung des BBSR, Kriminalitätsstatistik des BKA, Geometrische Grundlage: BKG, Kreise, 31.12.2009

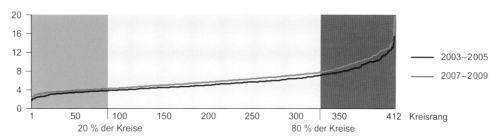

Rangfolge der Kreise
(aufsteigend nach:
gemeldete Körperverletzungen
je 1 000 Einwohner)

—— 2003–2005
—— 2007–2009

20 % der Kreise   80 % der Kreise

Kreisrang

6.4 Atemwegserkrankungen – wie gut ist die Luft?

■ Asthma und andere Erkrankungen der unteren Atemwege, wie z. B. die chronisch-obstruktive Lungenerkrankung (COPD) sind zunehmend Ursache für Krankenhausbehandlungen. Die Zahl der Behandlungsfälle mit einer solchen Hauptdiagnose ist zwischen 2000 und 2009 um mehr als 25 % gestiegen, gegenüber einer Steigerung von „nur" 5 % bei allen Behandlungsfällen.

Während Asthma sich meist bereits im Kindes- oder Jugendalter zeigt und häufig von Allergenen geprägt wird, ist eine COPD meist die Folge einer dauerhaften Nikotinbelastung. Sie beginnt im fortgeschrittenen Erwachsenenalter, z. B. mit einer chronischen Bronchitis, die schließlich zu einer ständigen Verengung

der Atemwege führt. Risikofaktoren sind neben den persönlichen Lebensverhältnissen, berufsbedingten Belastungen und Lebensstilen auch Umwelteinflüsse. Dazu zählen Luftverschmutzung oder Feinstaubbelastung. Insbesondere chronische Erkrankungen der unteren Atemwege wie Asthma und die COPD schränken die Lungenleistung stark ein. Erkrankte sind folglich weniger belastbar, und die Lebensqualität sinkt. Während Asthma mit Medikamenten gut behandelbar ist, rangiert die COPD bereits auf Platz vier der Todesursachen in Deutschland.

Räumliche Konzentrationen zeigen sich bei den Krankenhausbehandlungen von Asthmaerkrankungen vor allem im Westen und Nordwesten Deutschlands. Al-

lerdings weisen nicht die Großstädte die meisten Behandlungsfälle je Einwohner auf, sondern die Kreise im verdichteten Umland. In den neuen Ländern treten gehäuft Behandlungsfälle in weiten Teilen Sachsen-Anhalts und im westlichen Brandenburg auf. Bei den Krankenhausbehandlungen von Erkrankungen der unteren Atemwege insgesamt ist eine erhebliche Konzentration in Ostdeutschland festzustellen. Bis auf Teile Thüringens, des Berliner Umlands und der Ostseeküste liegt hier die Zahl der Behandlungsfälle weit über dem Bundesdurchschnitt. Ähnlich hohe Konzentrationen finden sich in den alten Bundesländern nur in Teilen Westfalens und Niederbayerns.

Tabelle 29
Todesursachen 2009

Todesursachen [1]	Verstorbene					
	insgesamt		männlich		weiblich	
	Anzahl	in %	Anzahl	%-Anteil an der Todesursache	Anzahl	%-Anteil an der Todesursache
Todesfälle insgesamt	854 544	100,0	404 969	47,4	449 575	52,6
darunter:						
Bösartige Neubildungen	216 128	25,3	116 711	54,0	99 417	46,0
Krankheiten des Kreislaufsystems	356 462	41,7	150 334	42,2	206 128	57,8
Myokardinfarkt	60 153	7,0	33 563	55,8	26 590	44,2
Krankheiten des Atmungssystems	**63 304**	**7,4**	**32 979**	**52,1**	**30 325**	**47,9**
Krankheiten des Verdauungssystems	42 288	4,9	20 939	49,5	21 349	50,5
Verletzungen, Vergiftungen, andere Folgen äußerer Ursachen	31 832	3,7	19 633	61,7	12 199	38,3
darunter:						
Transportmittelunfälle	4 468	0,5	3 302	73,9	1 166	26,1
Stürze	8 492	1,0	3 859	45,4	4 633	54,6
Vorsätzliche Selbstbeschädigung (Suizid)	9 571	1,1	7 199	75,2	2 372	24,8

[1] Nach der internationalen statistischen Klassifikation der Krankheiten und verwandter Gesundheitsprobleme, 10. Revision (ICD-10).
Quelle: Statistisches Bundesamt

Karte 36

Erkrankungen der unteren Atemwege

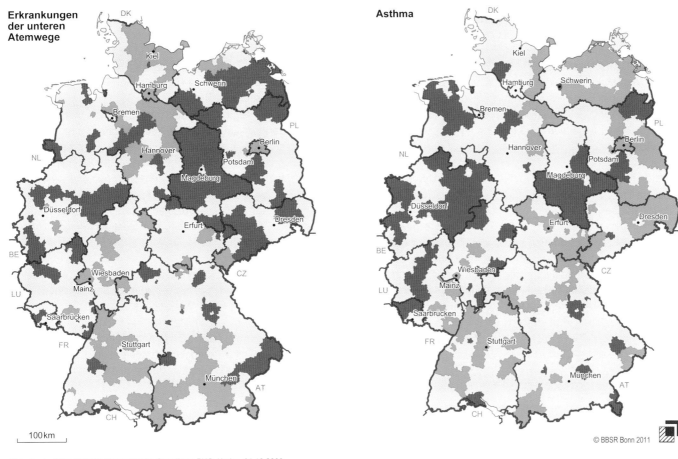

Datenbasis: DRG-Statistik, Geometrische Grundlage: BKG, Kreise, 31.12.2008

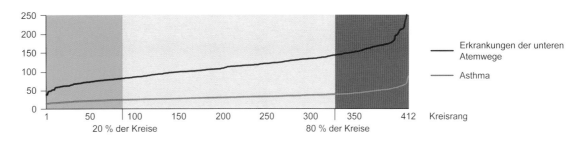

Rangfolge der Kreise
(aufsteigend nach:
Zahl der Krankenhaus-
behandlungen männlicher
Patienten mit Erkrankungen
der unteren Atemwege
je 100 000 Männer
im Durchschnitt der
Jahre 2005–2008)

Erkrankungen der unteren
Atemwege

Asthma

© BBSR Bonn 2011

6.5 Hitzetage in Deutschland nehmen zu

■ Um Aussagen über zukünftige Klimaveränderungen zu erhalten, sind Klimamodelle in den letzten 20 Jahren immer wichtiger geworden. Für regionale Klimasimulationen wird in Deutschland u. a. das dynamische Modell REMO vom Max-Planck-Institut für Meteorologie eingesetzt. Mit welchen Klimaänderungen müssen wir rechnen? Die Klimamodelle erlauben zwar keine Vorhersagen, es können jedoch eindeutige Tendenzen abgeschätzt werden: Eine Zunahme der Jahresmitteltemperatur, trockenere Sommer, häufigere und längere Hitzeperioden, feuchtere Winterhalbjahre sowie eine Zunahme von Extremereignissen wie Starkniederschläge oder Stürme.

Der Simulation der regionalen Klimaszenarien wurden die Emissionsszenarien des Intergovernmental Panel of Climate Change (IPCC) zugrunde gelegt, hier das Szenario A1b. Das geht von einem hohen Wirtschaftswachstum mit einer ausgewogenen Nutzung von fossilen und erneuerbaren Energieträgern aus.

Simulationen liegen für den Zeitraum 1950 bis 2100 vor und erlauben damit einen Vergleich des künftigen Klimas mit dem aktuellen.

Charakteristische klimatologische Kenngrößen zur Abbildung von Extremtemperaturen sind die Anzahl der Hitze- bzw. Frosttage. Hitzetage sind als Tage definiert, an denen die Tagesmaximaltemperatur mindestens 30° C erreicht, ein Frosttag ist ein Tag, an dem das Minimum der Lufttemperatur unterhalb des Gefrierpunktes (0° C) liegt. Die Karten zeigen Durchschnittswerte für das 30-jährige Mittel im Vergleich der Zeiträume 1961 bis 1990, 2011 bis 2040 und 2041 bis 2070. Die gewählten Zeiträume orientieren sich an den in der Klimatologie üblichen Klimaperioden für die Betrachtung und Beschreibung des Klimas. In Zukunft wird es immer mehr Hitzetage geben, vor allem im Süden und Osten Deutschlands. Gleichzeitig wird die Zahl der Frosttage abnehmen.

Die Sommer der Jahre 2003 und 2006 haben gezeigt, welche gravierenden Auswirkungen sommerliche Hitzewellen auf das öffentliche Leben haben können. Durch die extrem heißen Temperaturen kam es vor allem in Großstädten zu einer starken gesundheitlichen Belastung der Bevölkerung. Zusätzlich zur direkten Hitzebelastung der Menschen können bedingt durch unterdurchschnittliche Niederschläge verbreitet Trockenschäden in der Landwirtschaft und vereinzelt sogar Probleme mit der Wasserversorgung auftreten. Eine Abnahme der Frosttage wirkt sich vor allem auf die Flora und den Boden aus. Seltenere Frosttage führen zu einer Änderung der Artenvielfalt, z.B. durch die Ausbreitung exotischer Pflanzen oder die Verschiebung der Vegetationszonen.

Während die Verlängerung der Vegetationsperiode aus Sicht des Ackerbaus positiv zu werten ist, wird die Ausbreitung von Schädlingen, wie z.B. dem Borkenkäfer, durch verkürzte Frostperioden verstärkt werden. In Kombination mit erhöhten Niederschlagsmengen ist zudem eine erhöhte Verdichtungsgefährdung der Böden zu erwarten.

Tabelle 30
Die Emissionsszenarien des 4. IPCC-Sachstandsberichts

	Wirtschaftsorientiert (ökonomisch ausgerichtet)			Umweltorientiert (ökologisch ausgerichtet)
Globalisierung	**A1**			**B1**
(homogene Welt)	Hohes Wachstum			Globale Nachhaltigkeit
	A1T	**A1B**	**A1FI**	
	nicht-fossile Energiequellen	ausgewogene Nutzung fossiler und erneuerbarer Energiequellen	fossil-intensiv	
Regionalisierung	**A2**			**B2**
(heterogene Welt)	Regionale Wirtschaftsentwicklung			Regionale Nachhaltigkeit

Quelle: IPCC Special Report Emission Scenarios, Summary for Policy Makers

Karte 37
Hitze und Frost

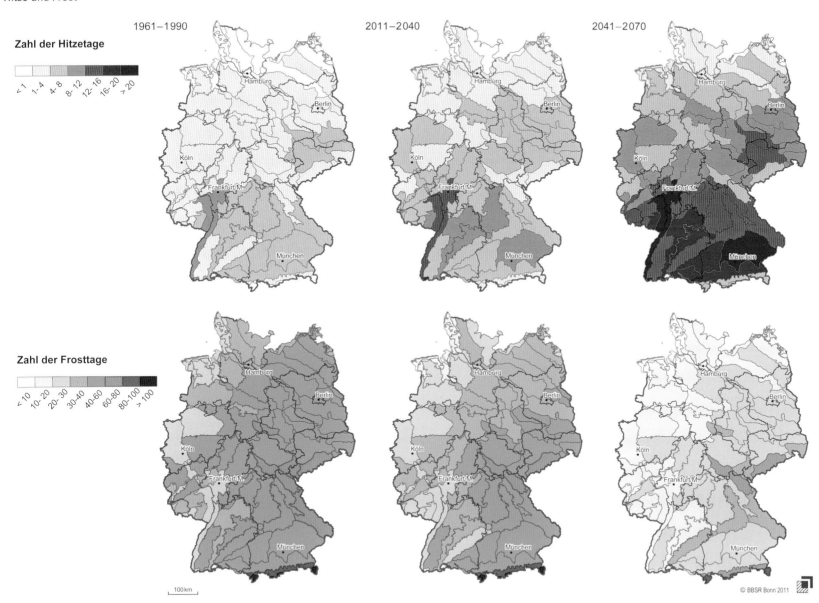

Datenbasis: Ergebnisse des Klimamodells REMO des Max-Planck-Instituts für Meteorologie
Geometrische Grundlage: Naturräume und Großlandschaften Deutschlands, 2009, LANIS-Bund, Bundesamt für Naturschutz (BfN)

6.6 Stürme und Hochwasser – große volkswirtschaftliche Schäden

■ Nicht zuletzt das Elbehochwasser 2002 und der Orkan Kyrill 2007 haben in der Bevölkerung ein Bewusstsein dafür geweckt, dass auch Deutschland nicht sicher vor Naturkatastrophen ist. In der Synopse unterschiedlicher Gefahrenpotenziale durch Stürme, Hagel, Überschwemmungen, Kältewellen und Dürren ergeben sich Areale, die ein weitaus größeres Risiko bergen, von einem extremen Naturereignis getroffen zu werden, als andere (Karte). In Agglomerationsräumen, die durch eine hohe Konzentration von Menschen und volkswirtschaftlichen Werten gekennzeichnet sind, kann sich ein Naturereignis schnell zu einer Katastrophe ausweiten.

Mehr als 300 Naturereignisse mit einer Gesamtschadenshöhe von über 40 Milliarden Euro wurden in den letzten zwölf Jahren in Deutschland registriert. Die 49 schlimmsten Katastrophen mit volkswirtschaftlichen Schäden von jeweils mehr als 100 Millionen Euro bzw. mehr als fünf Todesopfern sind in der Karte dargestellt. Die größten Gefahren mit den höchsten Sachschäden bergen Überschwemmungen. Besonders gefährdet sind neben der Nordseeküste die Auelandschaften von Rhein, Weser, Elbe, Oder und Donau sowie deren große Zuläufe.

Das mit Abstand folgenschwerste Ereignis der letzten Jahrzehnte war das Jahrhunderthochwasser im August 2002 an Elbe, Mulde, Weißeritz und Müglitz mit einem volkswirtschaftlichen Schaden von fast zwölf

Mrd. Euro. Am häufigsten treten Stürme auf, während Hagelschauer eher selten und regional sehr eng begrenzt vorkommen (Grafik). Hagelschauer, Kältewellen oder Dürren zählen zu Naturereignissen, die überall in Deutschland auftreten können. Hinsichtlich der Gefahren durch Stürme zeigt sich ein deutliches Nord-Süd-Gefälle. Während die Küsten, das Norddeutsche Tiefland, der Harz sowie das Münsterländer Becken direkt maritimem Sturmpotenzial ausgesetzt sind, reduziert sich die Gefährdung durch hohe Windgeschwindigkeiten südlich dieser Zone auf exponierte Mittelgebirgslagen. Besonders verheerende Auswirkungen hatte der Wintersturm Kyrill, der im Januar 2007 mit örtlich mehr als 200 km/h über Europa hinwegfegte und allein in Deutschland Schäden von über vier Mrd. Euro anrichtete.

Abbildung 29
Gefährdungsprofil ausgewählter Naturerscheinungen

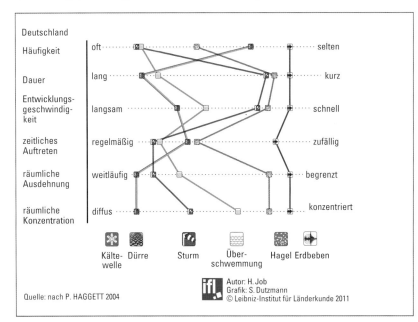

Quelle: nach P. HAGGETT 2004

Autor: H. Job
Grafik: S. Dutzmann
© Leibniz-Institut für Länderkunde 2011

Der Wintersturm Kyrill richtete im Januar 2007 große Schäden an.
(Foto: © Holger Seeger/pixelio.de)

Karte 38

Schwere Naturkatastrophen 2000–2011

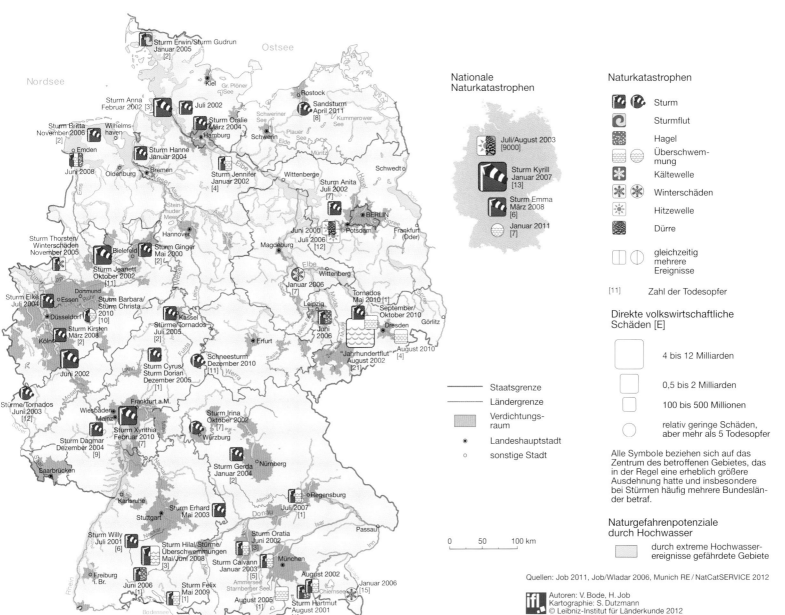

Nationale Naturkatastrophen

Juli/August 2003 [9000]

Sturm Kyrill Januar 2007 [13]

Sturm Emma März 2008 [6]

Januar 2011 [7]

Naturkatastrophen

Sturm

Sturmflut

Hagel

Überschwemmung

Kältewelle

Winterschäden

Hitzewelle

Dürre

gleichzeitig mehrere Ereignisse

[11] Zahl der Todesopfer

Direkte volkswirtschaftliche Schäden [E]

4 bis 12 Milliarden

0,5 bis 2 Milliarden

100 bis 500 Millionen

relativ geringe Schäden, aber mehr als 5 Todesopfer

Alle Symbole beziehen sich auf das Zentrum des betroffenen Gebietes, das in der Regel eine erheblich größere Ausdehnung hatte und insbesondere bei Stürmen häufig mehrere Bundesländer betraf.

Naturgefahrenpotenziale durch Hochwasser

durch extreme Hochwasserereignisse gefährdete Gebiete

Staatsgrenze

Ländergrenze

Verdichtungsraum

Landeshauptstadt

sonstige Stadt

0   50   100 km

Quellen: Job 2011, Job/Wladar 2006, Munich RE / NatCatSERVICE 2012

ifl Autoren: V. Bode, H. Job
Kartographie: S. Dutzmann
© Leibniz-Institut für Länderkunde 2012

Quellen:

Haggett, Peter (2004): Geographie: Eine globale Synthese. 3. Aufl. Stuttgart.

Munich RE NatCatSERVICE (Münchener Rückversicherungs-Gesellschaft) (Hrsg.) (2012): Geo Risks Research, NatCatSERVICE. Naturkatastrophen 2000–2011 (Übersicht Januar 2012). München.

Munich RE NatCatSERVICE (Münchener Rückversicherungs-Gesellschaft) (Hrsg.) (2011): Significant natural catastrophes in Germany 1980–2010. 15 costliest events ordered by overall losses. (Übersicht Februar 2011). München.

Job, Hubert (2011): Naturkatastrophen: Leben wir in Deutschland gefährlich? In: Nationalatlas aktuell 2 (02/2011) [28.02.2011]. Leipzig: Leibniz-Institut für Länderkunde (IfL). URL: http://aktuell.nationalatlas.de/Naturkatastrophen.2_02-2011.0.html

Job, Hubert u. Karolin Wladar (2006): Gefährlich Leben in Deutschland? In: IfL (Hrsg.): Nationalatlas Bundesrepublik Deutschland. Band 12 Leben in Deutschland. Mithrsg. von Heinritz, G., Lentz, S. u. S. Tzschaschel. München, S. 148–149.

Autoren:

Dipl.-Geogr. Volker Bode
Wissenschaftlicher Mitarbeiter

Leibniz-Institut für Länderkunde, Leipzig

Univ.-Prof. Dr. Hubert Job
Lehrstuhl für Geographie und Regionalforschung

Institut für Geographie und Geologie

Julius-Maximilians-Universität Würzburg, Würzburg

6.7 Radon-Belastung der Bodenluft

■ Die Radonkarte Deutschlands gibt eine Orientierung über die regionale Verteilung der Radonkonzentration in der Bodenluft. Die Datenbasis besteht aus mehreren Tausend Messungen an geologisch repräsentativen Orten, woraus eine flächendeckende Prognose in Form eines regelmäßigen Rasters von 3 x 3 km erarbeitet wurde.

Die Karte dient ausschließlich zur Prognose im regionalen Maßstab. Aus der für eine Rasterfläche prognostizierten Radonkonzentration in der Bodenluft kann nicht auf die Radonkonzentration an einem konkreten Standort, z. B. einem Baugrundstück, geschlossen werden. Der Grund: Die Radonkonzentrationen variieren kleinräumig. In solchen Gebieten sollten zur Bewertung eines Standortes spezifische

Untersuchungen durchgeführt werden, die auch die Radonkonzentration in der Bodenluft einbeziehen sollten. Die Einheit, in der Radioaktivität gemessen wird, ist das Becquerel (1 Bq entspricht einem Zerfall pro Sekunde). Die Aktivitätskonzentration von Radon wird als Becquerel pro Kubikmeter Luft angegeben. Die Aktivitätskonzentration von Radon in der Bodenluft schwankt zwischen wenigen kBq/m3 bis zu mehreren Tausend kBq/m3 (1 kBq/m3 entspricht 1 000 Bq/m^3).

Die Radonkonzentration in der Bodenluft ist ein Maß dafür, wie viel Radon im Untergrund zum Eintritt in ein Gebäude zur Verfügung steht, und bestimmt neben sonstigen bodenphysikalischen Eigenschaften, den Hauseigenschaften und dem Nutzerverhalten die

Konzentration im Innenraum. Typischerweise liegt das Verhältnis von Radon in der Raumluft zu Radon in der Bodenluft bei ca. 1 bis 5 ‰, d. h. bei einer Aktivitätskonzentration in der Bodenluft von 100 kBq/m^3 werden typischerweise Werte im Bereich von 100 bis 500 Bq/m^3 in der Raumluft des Gebäudes beobachtet. Die Karte gibt deshalb auch Hinweise darauf, in welchen Regionen mit erhöhten Radonkonzentrationen in der Raumluft zu rechnen ist.

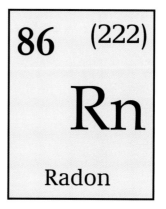

Zeichen für Radon im Periodensystem (Abbildung: BBSR)

Karte 39

Radonkonzentration in der Bodenluft

Autor:
Bundesamt für Strahlenschutz
Salzgitter

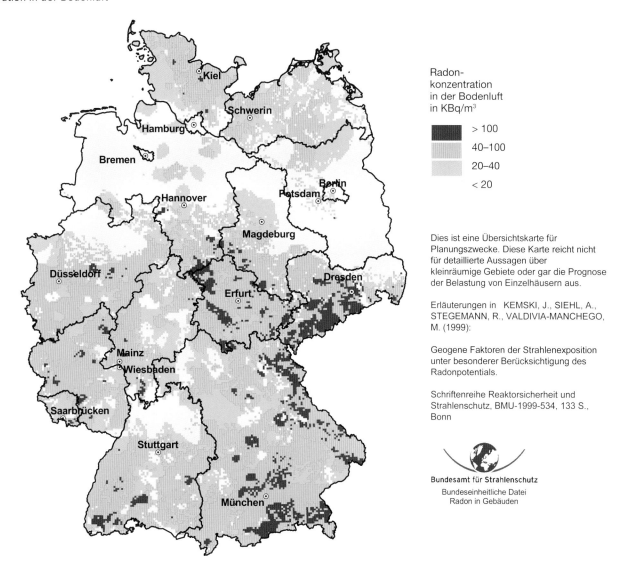

Radon-
konzentration
in der Bodenluft
in KBq/m³

> 100

40–100

20–40

< 20

Dies ist eine Übersichtskarte für
Planungszwecke. Diese Karte reicht nicht
für detaillierte Aussagen über
kleinräumige Gebiete oder gar die Prognose
der Belastung von Einzelhäusern aus.

Erläuterungen in   KEMSKI, J., SIEHL, A.,
STEGEMANN, R., VALDIVIA-MANCHEGO,
M. (1999):

Geogene Faktoren der Strahlenexposition
unter besonderer Berücksichtigung des
Radonpotentials.

Schriftenreihe Reaktorsicherheit und
Strahlenschutz, BMU-1999-534, 133 S.,
Bonn

Bundesamt für Strahlenschutz
Bundeseinheitliche Datei
Radon in Gebäuden

6.8 Erdbeben vom Rheinland bis zur Schwäbischen Alb

■ In Deutschland treten Erdbeben vorwiegend an den Störungszonen des Rheingraben-Systems, das von der Niederrheinischen Bucht bis zum Oberrheingraben verläuft, entlang des Alpennordrandes, auf der Schwäbischen Alb und im Vogtland auf. Diese Erdbeben erreichen nicht die Stärke und Häufigkeit der Erdbeben an den großen Kontinentalrändern.

Pro Jahr ereignen sich im Mittel ca. 60 Beben in Deutschland mit einer Magnitude größer als 2, durchschnittlich eins davon hat eine Magnitude über 4. Zum Vergleich: Weltweit werden täglich etwa 35 Erdbeben oberhalb einer Magnitude 4 registriert. Die stärksten Beben erreichen eine Magnitude von über 9. In Deutschland ereignete sich das stärkste Beben seit Beginn der instrumentellen Aufzeichnung um 1900 am 13. April 1992 in der Niederrheinischen Bucht mit dem Epizentrum bei Roermond (Niederlande). Es hatte eine Magnitude von 5.9 und verursachte im Umkreis von 20 km leichte bis mittlere Gebäudeschäden. Einige Dut-

zend Personen wurden verletzt. Auch durch Bergbauaktivitäten werden seismische Ereignisse ausgelöst. Das betrifft in Deutschland vor allem die Steinkohlereviere in Nordrhein-Westfalen und im Saarland, die Erdgasfördergebiete in Norddeutschland sowie die Kalisalz-Abbaugebiete in Thüringen und Hessen. An einigen Standorten von Geothermiekraftwerken ist ebenfalls eine erhöhte Seismizität zu verzeichnen.

Beschädigte Gebäude und Fahrzeuge in Heinsberg.
Erdbeben von Roermond am 13.04.1992.
(Foto: © Geologischer Dienst NRW)

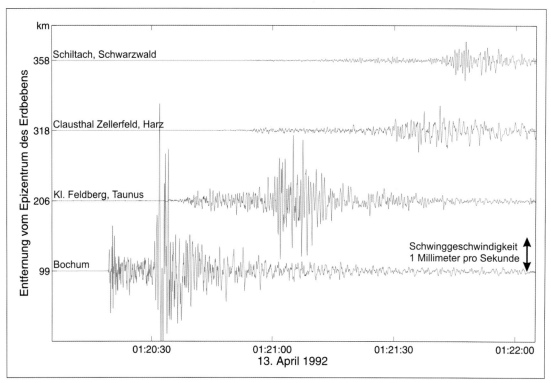

Seismogramme des Erdbebens von Roermond am 13. April 1992 01:20 (UTC).
(Abbildung: © BGR)

Karte 40
Erdbeben

Tektonische Beben
Größe des Kreises entspricht
der Magnitude des Bebens

- bis unter 2,5

- 2,5 bis unter 3,0

- 3,0 bis unter 3,5

- 3,5 bis unter 4,0

- 4,0 und mehr

**Seismische Ereignisse
in Bergbaugebieten**
Größe des Kreises entspricht
der Magnitude des Bebens

○ bis unter 2,5

○ 2,5 bis unter 3,0

○ 3,0 bis unter 3,5

○ 3,5 bis unter 4,0

○ 4,0 und mehr

Besiedlung

Grosstadtregionen

Autor:
Gernot Hartmann
Bundesanstalt für Geo-
wissenschaften und Rohstoffe,
Hannover

Die Erdbebendaten beziehen sich
auf einen Zeitraum vom
1.1.2000 bis zum 1.7.2011.

Datenbasis: ATKIS Basis DLM
Geobasis-DE/BKG,
GTOPO30/USGS, Erdbebendaten/BGR,
Grosstadtregionen/BBSR
Geometrische Grundlage: BKG,
Länder, 31.12.2009

© BBSR Bonn 2011

6.9 Atomkraftwerke – Bewohner im Umkreis

■ Die mögliche Gefährdung der Bevölkerung durch die Folgen eines schweren Reaktorunfalls begleitet die Diskussion um die Nutzung der Kernenergie in Deutschland seit dem Bau erster Reaktoren Ende der 50er Jahre. Die Katastrophen von Tschernobyl und Fukushima haben die dramatischen Auswirkungen eines GAUs auf das Leben und die Gesundheit der Menschen in der näheren Umgebung vor Augen ge-führt. Hinzu kommen die Schäden und Zerstörungen an Sachgütern und Lebensraum.

Aufgrund der gemessenen Strahlungswerte nach der Unfallserie im Kernkraftwerk Fukushima forderten Umweltorganisationen von der japanischen Regie-rung eine Evakuierungszone von 40 km. Da sich die Radioaktivität vor allem durch Windeinfluss nicht gleichmäßig verteilt, wurden selbst außerhalb dieses Radius' noch stark erhöhte Werte gemessen.

Anfang 2011 waren in Deutschland 17 Kernkraftwerke an zwölf Standorten in Betrieb. Hinzu kommen sieben in der Nähe zur deutschen Grenze gelegene Kraft-werkstandorte in Frankreich, der Schweiz, Tsche-chien und Belgien. Legt man den Radius von 40 km zugrunde, ergibt sich in Deutschland eine Anzahl von 16,4 Mio. Einwohnern im potenziellen Gefähr-dungsbereich. Um das Kraftwerk Neckarwestheim müssten im Falle eines GAUs demnach bis zu 2,8 Mio. Menschen evakuiert werden. Ähnlich hohe Einwoh-nerzahlen finden sich in der Umgebung der Standorte Biblis, Philipsburg und Krümmel. Durch die Nähe zu zwei Kernkraftstandorten tragen manche Regionen im 40-km-Radius ein zweifaches Risiko. Dies betrifft insbesondere die Region Mannheim/Ludwigshafen. Bei einer Erweiterung des Radius auf 50 km erhöht sich die Gesamtzahl der Einwohner im potenziellen Gefährdungsbereich auf 23,5 Mio.

In Folge des Reaktorunglücks in Japan beschloss die Bundesregierung Ende Mai 2011 die endgültige Stillle-gung der acht ältesten Kernkraftwerke. Dies bedeutet eine Stilllegung von vier Standorten. Die Einwohner-zahl im 40-km-Radius reduziert sich damit auf 11,4 Mio.

Tabelle 31
Bevölkerung im 40 km-Umkreis von Atomkraftwerken

AKW-Standort	Bevölkerung im 40 km-Umkreis in 1 000
Deutschland	
Neckarwestheim	2 809
Brokdorf	678
Brunsbüttel*	575
Emsland	721
Grafenrheinfeld	793
Isar	598
Krümmel*	2 309
Philippsburg	2 647
Unterweser*	931
Grundemmingen	1 073
Biblis*	2 778
Grohnde	1 090
Ausland	
Cattenom (FR)	178
Fessenheim (FR)	761
Beznau (CH)	292
Gösgen (CH)	277
Leibstadt (CH)	374
Weitere grenznahe Standorte	
Temelin (CZ) – 60 km zur deutschen Grenze	0
Tihange (BE) – 90 km zur deutschen Grenze	0
Summe (ohne Mehrfachzählungen)	16 391
Summe nach Moratorium (ohne Mehrfachzählungen)	11 369

* Standort fällt duch Moratorium weg

Karte 41

Bevölkerung nahe Atomkraftwerken

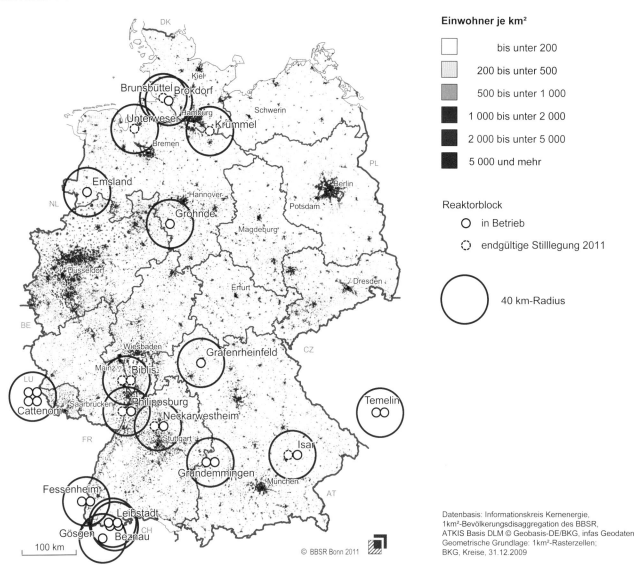

Einwohner je km²

- bis unter 200
- 200 bis unter 500
- 500 bis unter 1 000
- 1 000 bis unter 2 000
- 2 000 bis unter 5 000
- 5 000 und mehr

Reaktorblock

- ○ in Betrieb
- ◌ endgültige Stilllegung 2011

40 km-Radius

100 km

© BBSR Bonn 2011

Datenbasis: Informationskreis Kernenergie,
1km²-Bevölkerungsdisaggregation des BBSR,
ATKIS Basis DLM © Geobasis-DE/BKG, infas Geodaten
Geometrische Grundlage: 1km²-Rasterzellen;
BKG, Kreise, 31.12.2009

6.10 Im Süden wird man besonders alt – Lebenserwartung

■ Die Lebenserwartung ermöglicht Aussagen zum durchschnittlichen Gesundheitszustand der Bevölkerung. Dahinter stehen in der Regel mehrere Faktoren, wie Lebensstil, Ernährung, Umweltbedingungen und nicht zuletzt die Gesundheitsversorgung. Ähnliches gilt im Prinzip auch für regionale Unterschiede innerhalb Deutschlands. Diese sind aber alles andere als gut erforscht, und es ist insbesondere schwierig, dominierende Faktoren zu identifizieren.

Die Lebenserwartung der Frauen ist im Durchschnitt gut fünf Jahre höher als die der Männer, wie die Kreisdaten zeigen. Bemerkenswert ist, dass die

Streuung und die Spannweite der Werte bei den Männern erkennbar größer sind als bei den Frauen. Bei Männern und Frauen liegen die Regionen mit den höchsten Werten im Süden und Südwesten, vor allem in Baden-Württemberg. Die niedrigsten Werte bei den Männern sind dagegen in den dünnbesiedelten Räumen Ostdeutschlands anzutreffen.

Bei den Frauen sind diese Gegensätze weniger deutlich. Auch Teile von Sachsen gehören hier inzwischen mit zur Spitzengruppe. Zur Zeit der deutschen Einigung um 1990 lag die Lebenserwartung in Ostdeutschland rund zweieinhalb Jahre unter der in Westdeutschland.

Diese Lücke ist bei den Frauen inzwischen geschlossen, bei den Männern ist sie zumindest erkennbar kleiner geworden.

Im Westen zählen zudem einige altindustrialisierte Regionen wie das Ruhrgebiet und das Saarland zu den Räumen mit vergleichsweise niedrigen Werten. Dies muss keinesfalls nur an den heutigen Lebensbedingungen liegen. Es kann vielmehr auch eine „Spätfolge" von früheren Umwelt- und Arbeitsbedingungen sein, denen die heutige Bevölkerung in ihrem bisherigen Lebensverlauf ausgesetzt war.

Schließlich führen auch die Wanderungen zu einer „Entmischung" der Bevölkerung nach guten und schlechten Risiken. Regionen mit Wanderungsgewinnen bei den jüngeren Erwerbspersonen profitieren langfristig davon, dass diese Zugewanderten im Durchschnitt „robuster" sind als die in den Abwanderungsregionen zurückgebliebenen Sesshaften. Es sind also oft nicht nur die heutigen, sondern auch die früheren Lebensbedingungen und teilweise langjährige Prozesse, die sich in der Lebenserwartung widerspiegeln.

Abbildung 30
Lebenserwartung im Durchschnitt 2007 bis 2009

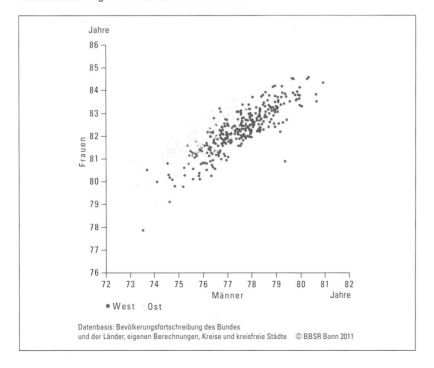

Datenbasis: Bevölkerungsfortschreibung des Bundes
und der Länder, eigene Berechnungen, Kreise und kreisfreie Städte   © BBSR Bonn 2011

Karte 42

Lebenserwartung

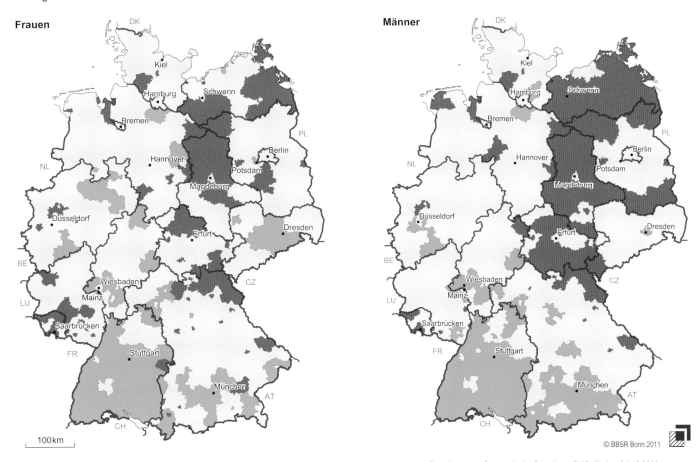

Datenbasis: Laufende Raumbeobachtung des BBSR, Bevölkerungsfortschreibung des Bundes und der Länder, eigene Berechnungen, Geometrische Grundlage: BKG, Kreise, 31.12.2009

© BBSR Bonn 2011

Rangfolge der Kreise
(aufsteigend nach:
Lebenserwartung in Jahren
im Durchschnitt der
Jahre 2007–2009)

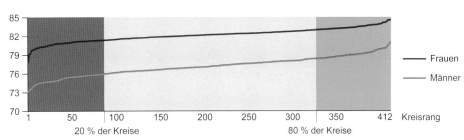

Verzeichnisse

Abbildungen

Karten

Karten

Tabellen